人工知能
プログラミング
のための数学が
わかる本

MATHEMATICS FOR AI PROGRAMMING

石川聡彦 [著]

はじめに

2012 年の画像認識コンペティションにて，トロント大学によるディープラーニングを用いたアルゴリズムが驚異的な正解率を遂げたことに端を発し，第 3 次人工知能ブームが訪れたといわれています[1]。当時から 5 年以上の月日が経ちましたが，今もなお人工知能ブームが終わる兆しはありません。むしろ日進月歩でアルゴリズムが進化しており，ブームは加速しているように思えます。今や IT 系の会社に勤める社会人や情報系の学生だけでなく，**あらゆる産業や専攻で人工知能の活用が模索されており，活用の幅がさらに広がってきました。**

そんな中，私自身も人工知能に触れる研究を行い，趣味やビジネスを問わずデータ解析や人工知能プログラミングに明け暮れる日々が続きました。そんな折，さまざまな方から，**「人工知能アルゴリズムを体得したいのですが，どの程度まで数学を学ぶべきでしょうか？」**という相談を受けることが多くなりました。

人工知能プログラミングに触れるにあたり，必ずしも数学に触れる必要はありません。自動車の運転手が自動車が走る仕組みを理解しなくても運転できるように，ほとんどの基礎的なアルゴリズムはライブラリが用意されており，ルールに従ってプログラミングするだけで，結果が出るためです。しかし，**人工知能のアルゴリズムをしっかり体得したい方は，アルゴリズムの中身も理解したくなると思います。**そのためには，数学の知識を避けて通れません。

しかし，数学をゼロから体系的に学ぶことは非常にハードルが高いです。大学や大学院を卒業してから数学に触れていない生活を何年も続けている社会人の方も多いでしょうし，中には大学や大学院時代でも数学に触れていない方もいるかもしれません。そういった方に，大学の「線形代数」のテキストを推奨するのはいささか不親切に思えます。さらに，そうしたテキストには，人工知能プログラミングに登場する頻度が低い数学に関する記述も含まれ，忙しい社会人にとっては最適な選択肢とはいえないでしょう。

そもそも，人工知能で頻繁に登場する数学の知識には偏りがあります。例えば，人工知能分野で「微分」はよく用いられますが，「積分」が用いられることはめったにありません。また，線形代数（行列・ベクトル）に関する基礎知識は必要とされますが，全ての線形代数の単元が必要とされているわけでもありません。**「人工知能を学びたい方が一度数学を体系的に学ぶ」**という目的に沿うような，よい書籍・教科書を用意しなければならないと考えました。

以上の背景から，多くの方が人工知能プログラミングに必要な数学の知識をつけられるように，本書を執筆しました。本書では以下の内容を目的としています。

> ・人工知能理論に関する書籍に含まれる数式に対する抵抗感をなくし，人工知能に関する専門書を読むために必要な数学基礎力をつける。
> ・いくつかの人工知能のアルゴリズムを理解し，数式の意味を理解できるようになる。

そのため，本書をぜひ読んでいただきたいのは以下のような方です。

> ・人工知能アルゴリズムを用いてモデリングを行っているが，その根底のアルゴリズムはブラックボックス状態であり，数学を一度復習したい方。
> ・人工知能アルゴリズムを体系的に学ぼうと思っているが，数学を忘れており，専門書に現れる数式がほとんど理解できない方。
> ・人工知能アルゴリズムに興味があるが，ハードルが高くてまだ触れられていない方。

本書は「基礎編（第1章〜第4章）」と「実践編（第5章〜第7章）」に分かれております。**基礎編では，人工知能で使われる数学理論に特化し，「数学基礎」「微分」「線形代数」「確率・統計」に関して触れます。**範囲は高校数学〜大学数学まで含まれていますので，高校で習った数学の知識を忘れてしまった人でも内容をカバーできるようになっています。**実践編では，実際に基礎編で学んだ数学の知識を使って人工知能アルゴリズムに挑戦してみます。**「住宅価格の予測モデルを作る」「自分の文章がどの文豪に近いか判定するモデルを作る」「手書き文字を判別するモデルを作る」という，実践的なテーマに沿った人工知能モデルについて触れます。

本書を読むにあたり，事前に必要な知識はありません。しかし，応用編は実際に人工知能のアルゴリズムの実践に触れております。実装の参考になる Python コードは WEB から参照できるので，Python の基礎知識があれば，より理解が高まるでしょう[2]。

この本によって一人でも多くの方が数学に対する苦手意識や忌避感を払拭し，人工知能アルゴリズムに触れる方が増えることを願っております。

2018 年 1 月

石川 聡彦

---

[1] 松尾 豊『人工知能は人間を超えるか』角川 EPUB 選書，2015 年
[2] この本で扱う Python コード　https://github.com/TeamAidemy/AIMathBook

CONTENTS | 目次

はじめに ……………………………………………………………………… 002
目次 ………………………………………………………………………………… 004
本書の使い方 ………………………………………………………………… 006

CHAPTER 1 数学基礎 …………………………………………………… 007

1-1 変数・定数 …………………………………………………………… 008
1-2 1次式と2次式 ……………………………………………………… 010
1-3 関数の概念 …………………………………………………………… 014
1-4 平方根（√ ） ……………………………………………………… 016
1-5 累乗と累乗根 ………………………………………………………… 018
1-6 指数関数と対数関数（log） …………………………………… 020
1-7 自然対数（e/ln/exp） ……………………………………… 024
1-8 シグモイド関数 ……………………………………………………… 025
1-9 三角関数（sin/cos/tan） ……………………………………… 027
1-10 絶対値とユークリッド距離 …………………………………… 035
1-11 数列 …………………………………………………………………… 039
1-12 要素と集合（∈/⊂） …………………………………………… 046

CHAPTER 2 微分 ……………………………………………………… 049

2-1 極限（lim） ………………………………………………………… 050
2-2 微分基礎 ……………………………………………………………… 052
2-3 常微分と偏微分 ……………………………………………………… 057
2-4 グラフの描写 ………………………………………………………… 060
2-5 グラフの最大値・最小値 ………………………………………… 064
2-6 初等関数・合成関数の微分法・積の微分法 …………… 066
2-7 特殊な関数の微分 ………………………………………………… 071

CHAPTER 3 線形代数 ………………………………………………… 075

3-1 ベクトルとは？ ……………………………………………………… 076
3-2 足し算・引き算・スカラー倍 …………………………………… 077
3-3 有向線分 ……………………………………………………………… 079
3-4 内積 …………………………………………………………………… 081
3-5 直交条件 ……………………………………………………………… 084
3-6 法線ベクトル ………………………………………………………… 085
3-7 ベクトルのノルム …………………………………………………… 086
3-8 コサイン類似度 ……………………………………………………… 088
3-9 行列の足し算・引き算 …………………………………………… 090
3-10 行列の掛け算 ……………………………………………………… 092
3-11 逆行列 ………………………………………………………………… 098
3-12 線形変換 ……………………………………………………………… 101
3-13 固有値と固有ベクトル …………………………………………… 104

CHAPTER 4 確率・統計 107

4-1	確率とは？	108
4-2	確率変数と確率分布	114
4-3	結合確率と条件付き確率	119
4-4	期待値	123
4-5	平均・分散・共分散	126
4-6	相関係数	134
4-7	最尤推定	138

CHAPTER 5 実践編 1 143

5-1	回帰モデルで住宅価格を推定してみよう	144
5-2	データセット「Boston Housing Dataset」	146
5-3	線形回帰モデルとは？	149
5-4	最小2乗法を利用してパラメータを導出	151
5-5	正則化を利用して過学習を避ける	155
5-6	完成したモデルの評価	159

CHAPTER 6 実践編 2 163

6-1	自然言語処理で文学作品の作者を当てよう	164
6-2	データセット「青空文庫」	166
6-3	自然言語処理の考え方とは？	167
6-4	文章を品詞分解	170
6-5	単語のフィルタリング	172
6-6	文章を単語ベクトルに変換	173
6-7	単語ベクトルの重み付け	175
6-8	文章の分類	179
6-9	完成したモデルの評価	183

CHAPTER 7 実践編 3 187

7-1	ディープラーニングで手書き数字認識をしてみよう	188
7-2	データセット「MNIST」	189
7-3	ニューラルネットワークとは (1)	191
7-4	ニューラルネットワークとは (2)	194
7-5	ディープなニューラルネットワークとは	196
7-6	順伝播	197
7-7	損失関数	202
7-8	勾配降下法の利用	205
7-9	誤差逆伝播法の利用	210
7-10	完成したモデルの評価	218

おわりに	219
索引	221
参考文献	223

本書の使い方

　本書は，人工知能プログラミングに登場する数学の知識を学習することを目的にしています。本書の構成は以下のようになっています。

押さえるポイント
SECTION の最初に，学習してほしいポイントを掲載しました。本書を読むときは，このポイントを把握することに主眼を置いて，お読みください。

公式・定義
数学に関する公式や定義を掲載しています。CHAPTER の後半になるに従い，直感的な理解が難しい公式が多くなってきます。しかし，公式の内容は本文で詳しく説明しているので，「ある特定の事象を表したいとき，数学ではこういう表現をする」ということを押さえるようにしてください。

人工知能ではこう使われる！
各 SECTION で学んだことが，人工知能アルゴリズムではどのように使われるのかを紹介したものです。人工知能アルゴリズムに触れたことがない方は，この記述を見ながら想像力を深め，触れたことがある方は，そのアルゴリズムの裏側にあるロジックを具体的にイメージしてください。

演習問題
基礎編は一部の SECTION に演習問題を用意しました。基本的に，演習問題は，その SECTION の記述を読めば，問題が解けるように構成されています。数学を学ぶには，本書を読むだけでなく，実際にご自身の手で問題に取り組むことが肝要です。そのため，初出の分野は，演習問題を自分のノートで解いてみてください。

解答・解説
演習問題の解答と解説を掲載しました。答えが間違っていなかったか，考え方に違いがなかったか，確認してみてください。

　この本が，読者の方々が人工知能の中身を深く理解できるきっかけになればと考えています。それでは，次のページから，数学を学んでいきましょう。

1

> CHAPTER 1

数学基礎

　人工知能プログラミングに関する参考書や専門書を開くと多くのページには数式が登場します。それだけ人工知能分野は数学をベースに成り立っているのです。ただ，数式を見たときに忌避する必要はありません。数式を日本語に翻訳し，内容を理解することが最も大切なのです。例えば，「$\prod$」という記号を見たときに，「これは，掛け算をしているな」と理解できると，ぐっと理解が深まります。

　この CHAPTER では，中学1年から高校の数学のおさらいをすることによって，人工知能のための専門的な数学を学ぶのに必要な基礎知識を固めていき，独特の数式の表現を復習していきます。「変数」「定数」「関数」など，一見簡単そうですが非常に重要な事項も扱いますので，ぜひしっかり読んで理解してください。

SECTION 1-1 変数・定数

> **押さえる ポイント**
> ☑ 変数と定数の違いを理解し、どちらか判断できるようになる。

　変数と定数の理解は、関数（1-3 参照）という概念の基本になるので、今後、数学だけでなくプログラミングにおいて非常に重要となってきます。

《定義》
- 「変数」とは一定ではなくさまざまな値を取り得る値
- 「定数」とは決められた値

図 1.1.1　変数と定数

　変数は「箱」によく例えられます。図 1.1.1 であれば、x という変数（＝箱）のなかに、3, 1.5, −5 のようなさまざまな値が入り得る、ということです。**定数は、決められた値であり、例えば 4 や a など、固定化された値を取ります。**

　図 1.1.1 のような a は、具体的な数値でないので、変数なのでは？と思う人もいるかもしれません。ただ、ここでは 1 や 2 などの数値の仮の姿として、a というマスクをかぶっているようなイメージで捉えるといいでしょう。

　さて、具体的な例を考えていきましょう。まず、x についての 1 次関数 $y = ax + b$ について考えていきます。これは、x が変化したときに y はどのように変化していくのかを調べる関数です。つまり、x と y の関係を調べるための数式と

いうことです。ここで x はさまざまに変化していくので変数であり，a や b は一定の値を取り続けるので定数です。**このように数学では慣習的に変数を x や y で表し，定数を a や b で表すことが多いです。**

次は，円の半径が変化していくとどのようにその円の面積が変化していくかを調べます。円の半径を r，円周率（3.1415…という数値）を π とすると，円の面積は πr^2 で表されます。この場合，円周率 π はどんなときも変化しない一定の値なので定数，半径 r はその時々の円の半径によって変わるので変数です。

2つの例のように，変数は着目したい（調べたい）ことの値であり，一定の値を取る定数は特に着目しない数ともいえます。

● 人工知能ではこう使われる！

・人工知能のモデルの一つである「ニューラルネットワーク」では，「重み（w）」という概念があり，コンピュータが自動的に「重み（w）」を学習します。

・コンピュータが「重み（w）」を学習しているときは重みが「変数」として，学習したモデルを利用するときは重みが「定数」として扱われます。

【演習問題】

1-1 縦の長さが a cm，横の長さが b cm の長方形の面積 S（cm²）は $S = ab$ で表されます。縦の長さを固定し，横の長さをさまざまに変化させてそのときの長方形の面積を調べます。このときの a, b のうち，変数と定数をそれぞれ挙げなさい。

....

【解答・解説】

変数：b，定数：a　…（答） ←── 横の長さである b を 変化 させていくので，b が変数です。縦の長さである a は 固定（一定）されているので，a は定数です。

1-1　変数・定数　　009

SECTION 1-2　1次式と2次式

**押さえる
ポイント**

☑ **1次式**は直線，**2次式**は放物線のグラフで図示され，一番大きな**次数**についている**係数**の正負によってグラフの向きが異なる。

☑ n 次式はどのような式で表されるか理解し，表現することができる。

数学や人工知能ではさまざまな式を取り扱いますが，今回はその中でもあらゆる式の考え方の基礎となる1次式や2次式について学習します。人工知能分野では，特に2次式が頻繁に登場します。

まず，**項**という概念をおさらいします。**項とは数や文字，もしくはそれらの積で表される式**のことです。例えば，$3,\ a,\ 3a,\ -4ab,\ \dfrac{x}{3},\ a^2$ などです。このとき，項の中で掛けられている変数の数を次数といいます。例えば，a と b を変数とすると，ある項が 3 なら変数が1つもないので0次，a なら1次，$-4ab$ なら2次と定義されます。同様に，a^2 は2次となります。さらに各項で変数の文字ではない部分を係数といいます。例えば，3 ならそのまま 3 が係数ですし，$3a$ なら 3，$\dfrac{x}{3}$ なら $\dfrac{x}{3} = \dfrac{1}{3} \times x$ と表現されるので $\dfrac{1}{3}$ が係数となります。

次に，**単項式**と**多項式**という概念をおさらいしましょう。**単項式は1つの項でできた式**のことです。例えば，$3,\ a,\ 3a,\ -4ab,\ \dfrac{x}{3}$ などです。次に**多項式は複数の項が和（記号だと＋）によって合体したもの**です。例えば，a, b を変数とすると，

$$3a - 2b + 4a^2b + 6 \quad \cdots (1.2.1)$$

は多項式です。$3a$ と $-2b$ と $4a^2b$ と 6 が ＋ によって結合しています。さて，多項式 (1.2.1) の係数と次数を調べていきましょう。

```
        4つの項
    ┌─────────────┐
   3a + (−2b) + 4a²b + 6
係数  3    −2     4    6
次数  1     1     3    0 (定数項)
```

図 I.2.1　式 (I.2.1) の係数と次数

　係数は，図 I.2.1 に示したようになります。**多項式の次数は，その多項式に含まれる項の中で，最も次数が高い項の次数を採用します**。従って，式 (I.2.1) の次数は 3 次となります。

　ここから，変数を x に設定して，x の 1 次式と 2 次式を確認してみましょう。

> **《定義》** x についての 1 次式
>
> $$ax + b \:(\text{ただし}\: a \neq 0)$$

　今回，a や b は定数として捉えてください。1 次式とは式の最高次数が 1 次である式のことです。この式を見てみると，ax の次数は 1 次，b の次数は文字 x がないので 0 次，従って，この式は 1 次式ですね。さて，$y = ax + b$ と置いたとき，この式をグラフで図示してみましょう。

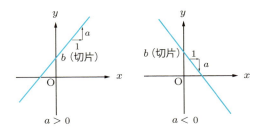

図 I.2.2　1 次関数のグラフ

　1 次式の特徴は，x と y の関係を表すグラフをかくと**直線になる**ことです。このとき，係数 a はその直線の**傾き**を，b は $x = 0$ のときの y の値である**切片**を表します。

次に，xの2次式を確認しましょう。

《定義》 xについての2次式
$$ax^2 + bx + c \text{ (ただし } a \neq 0\text{)}$$

前回同様，a, b, cは定数です。2次式は式の最高次数が2次である式です。$a \neq 0$なのは，$a = 0$だと1次式になってしまうからですね。さて，今回も前回同様，$y = ax^2 + bx + c$と置いたとき，この式をグラフで図示してみましょう。

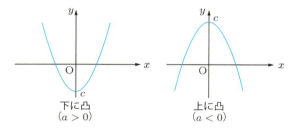

図 I.2.3　2次関数のグラフ

以上のようになりました。**2次式の特徴は**，$y = ax^2 + bx + c$とすると，xとyの関係を表すグラフが物を投げたときの軌道の形である放物線になることです。$a > 0$のとき放物線は下に凸，$a < 0$のとき上に凸となります。

さて，最後にn次式です。その式の項の最高次数がn次である式のことを指します。

《定義》 xについてのn次式
$$a_0 x^n + a_1 x^{n-1} + a_2 x^{n-2} + \cdots + a_{n-1} x + a_n \text{ (ただし } a_0 \neq 0\text{)}$$

$a_0 \sim a_n$はすべて定数です。なんだかぐっと難しくなった気がしますが，こういうときは具体例を考えると分かりやすいです。$n = 4$と仮定すると，式は$a_0 x^4 + a_1 x^3 + a_2 x^2 + a_3 x + a_4$となり，見慣れた感じがしますね。$n = 5, 6, 7 \cdots$となっても同様です。

演習問題

1-2 次の問にそれぞれ答えなさい。

❶ 以下の式は単項式，多項式のどちらか述べなさい。また，全ての係数を挙げてその式の次数を答えなさい。なお，変数は a, b, x とします。

(1) $-3ab$　　　　(2) $2ab + b + 4$　　　　(3) $3x^2 + 4$

❷ 次の式は x についての 2 次式です。全ての係数を挙げなさい。

$$3ax^2 + x + 2ab$$

....

解答・解説

❶ (1) 単項式，係数 -3，次数 2 次

　(2) 多項式，係数 2, 1, 4，次数 2 次 ←‑‑‑‑‑

> 多項式では最も次数の高い項の次数をその多項式の次数とします（今回は $2ab$）。

> 多項式では全ての項の係数を答えます。

　(3) 多項式，係数 3, 4，次数 2 次 ←‑‑‑‑‑

> この式は x についての 2 次式ですね。

❷ 　　　$\underline{3ax^2} + \underline{x} + \underline{2ab}$ ←‑‑‑‑‑
　　　　　↓　　　↓　　　↓
　係数は　　$3a$　　1　　$2ab$　　なので

$\underline{3a, 1, 2ab}$　…（答）

> 問題文の「x についての」がミソです。この多項式では x 以外の文字は数字と同じように扱います。また x の係数は省略されている 1 です。

1-2　1 次式と 2 次式　013

SECTION 1-3 関数の概念

> **押さえるポイント**
>
> ☑ **関数**とはある入力に対して1つの結果を出力する概念である。

中学や高校でさまざまな関数を学んだと思いますが，関数がどのような意味を持つのかを詳しく考えたことがある方は少ないと思います。「**ある x によって1つの y が決定する規則があるとき y は x の関数である**」といい，$y = f(x)$ と表します。下の図でイメージをつかむと分かりやすいかもしれません。

$$x \quad \rightarrow \quad \boxed{f(x)} \quad \rightarrow \quad y$$

入力　　　　　　変換　　　　　　出力

図 1.3.1　関数の入力と出力

例えば，$y = f(x)$，$f(x) = 2x$ という関数を考えます。x に 0 を入力（$x = 0$ を代入）すると，$y = 2 \times 0$ なので $y = 0$ と，y の値が決まります。同様に x に 2 を入力すれば $y = 4$ と，y の値が決まります。

$$x \quad \rightarrow \quad \boxed{f(x) = 2x} \quad \rightarrow \quad y$$

入力　　　　　　変換　　　　　　出力

$$0 \quad \rightarrow \quad \boxed{f(0) = 2 \times 0} \quad \rightarrow \quad 0$$

入力　　　　　　変換　　　　　　出力

$$2 \quad \rightarrow \quad \boxed{f(2) = 2 \times 2} \quad \rightarrow \quad 4$$

入力　　　　　　変換　　　　　　出力

図 1.3.2　関数と代入した例

このように，入力 x が決まると出力 y も必ず1つに決まるものを関数といいます。逆に，出力 y の値が2つ以上出てしまうものは関数とはいいません。

関数は無限に存在しますが，いくつか有名なものがあります。一番簡単なものには1次関数や2次関数があり，そのほか，指数関数，対数関数，三角関数，…などが有名ですが，これらの関数は後の SECTION で扱っていきます。

● 人工知能ではこう使われる！

・人工知能にかぎらず，プログラミングで関数は必須の概念です。
・プログラミングにおいての関数は，数学の概念がさらに拡張され，ある値が入力されると，「真（True）」または「偽（False）」という値が出力される場合もありますし，文字列が出力される場合もあります。

演習問題

1-3 次の中から y が x の関数となっているものを全て選びなさい。

a. ある数 x の整数部分 y
b. 年齢が x 歳の人の体重 $y\,\mathrm{kg}$
c. ある整数 x の正の約数（割り切れる数）の個数 y

....

解答・解説

a，c …（答）

a. 例えば，$x = 2.34$ のときは $y = 2$，$x = \pi$（3.1415…）のときは $y = 3$ となりますね。x が決まれば，y は1つの値に決まるので，これは関数です。
b. 人の年齢と体重には直接的な関係はなく，これは関数とはいえません。
c. 例えば，$x = 12$ とすると，12 の正の約数は，1，2，3，4，6，12 の6つですね。このように，整数の約数の個数は1つに決まるので，これも関数といえます。このように，数式で表すことができない関数もあります。

1-3　関数の概念　015

SECTION 1-4 平方根（$\sqrt{}$）

押さえる ポイント

- ☑ 2乗したら元の数になる値のことを，元の数の**平方根**という。
- ☑ $\sqrt{}$ という記号は平方根を示している。

　面積が $36\,\mathrm{m}^2$ の正方形の1辺の長さは何 m でしょう。正方形の面積は1辺の長さの2乗なので，2乗したら36になる数を探せばよく，すぐに，6と -6 だと分かります。辺の長さなので，負の値は取ることができず，$6\,\mathrm{m}$ が答えです。36に対する6や -6 のように，**2乗したら a になる数を a の平方根**といいます。

《定義》

　数 a に対して，$a = b^2$ を満たす b を a の平方根という。実数では，正の数の平方根は必ず2つ存在する。

　それでは3の平方根を求めてみましょう。しかしこれは整数や小数，分数では正確な値を表せません。なので3の正の平方根を $\sqrt{}$（根号）を用いて $\sqrt{3}$，負の平方根を $-\sqrt{3}$（読みはそれぞれルート3，マイナスルート3）と表します。つまり，**根号（$\sqrt{}$）を用いると，正の数 a の正の平方根を $\sqrt{a}$，負の平方根を $-\sqrt{a}$** と表せます。また，2つまとめて表したいときは $\pm\sqrt{a}$ と表せます。

《公式》

　以下 $a > 0$，$b > 0$，$c > 0$ とする。

① $\sqrt{a^2} = a$ 　　　　② $a \times \sqrt{b} = a\sqrt{b}$

③ $b\sqrt{a} + c\sqrt{a} = (b+c)\sqrt{a}$ 　　④ $\sqrt{a} \times \sqrt{b} = \sqrt{ab}$

⑤ $\sqrt{a} \div \sqrt{c} = \dfrac{\sqrt{a}}{\sqrt{c}} = \sqrt{\dfrac{a}{c}}$ 　　⑥ $\sqrt{a^2 \times b} = a\sqrt{b}$

例えば，5 の平方根を表したければ $\pm\sqrt{5}$ と書きます。式②より，$2\sqrt{2}$ は $2 \times \sqrt{2}$ を表していると分かります。$2 + \sqrt{2}$ ではないので注意しましょう。根号同士の掛け算や割り算はそのまま根号の中身同士を計算できます（式④，⑤）。式⑥を用いると，例えば $\sqrt{12}$ を簡単な表現に書き換えられます。$12 = 2^2 \times 3$ より，$\sqrt{12} = \sqrt{2^2 \times 3} = 2\sqrt{3}$ と書き直せます。しかし，足し算や引き算は根号の中身が一致していないと，式③が利用できないので，$\sqrt{2} + 2\sqrt{3}$ はこれ以上簡単に表現することができません。

演習問題

1-4 次の問にそれぞれ答えなさい。

❶ 9 の平方根を求めなさい。

❷ 次の計算をしなさい。ただし答えは根号（ルート）の中の数字が最小になるようにすること。

(1) $\sqrt{18} + \sqrt{2}$ 　　　(2) $3\sqrt{6} \times 2\sqrt{2}$

....

解答・解説

❶ 2 乗したら 9 になる数を探せばよいです。$3^2 = 9$，$(-3)^2 = 9$ なので答えは「3」と「-3」です。

❷ (1) $\sqrt{18} + \sqrt{2}$

$\quad = 3\sqrt{2} + \sqrt{2}$ ◀-----　一見 $\sqrt{}$ の中が違うので足し算できないように思われますが，$\sqrt{18}$ を簡単にすると $\sqrt{}$ の中がそろうので計算できます。

$\quad = \underline{4\sqrt{2}}$ …（答）

(2) $3\sqrt{6} \times 2\sqrt{2}$ ◀-----　整数部分は整数部分同士で掛け合わせ，$\sqrt{}$ は $\sqrt{}$ 同士で掛け合わせます。

$\quad = 6\sqrt{12}$

$\quad = 6 \times 2\sqrt{3}$ ◀-----　$\sqrt{}$ の中を簡単にします。外に出た 2 は元から外にあった 6 と掛け算します。

$\quad = \underline{12\sqrt{3}}$ …（答）

SECTION 1-5 累乗と累乗根

押さえる
ポイント

☑ 累乗と累乗根の公式を理解し，正しく計算できるようになる。

　そろそろ高校数学の難しい分野に突入します。まずは累乗と累乗根について扱います。累乗は，2乗，3乗など，○乗と表現される数学的な表現です。皆さんご存じの通り，$2^2 = 2 \times 2 = 4$ ですし，$2^3 = 2 \times 2 \times 2 = 8$ です。つまり **a を p 個掛け合わせたものを a の p 乗といい a^p と書きます**。このとき，a を底，p を指数といいます。この指数は整数である必要はなく分数でも負の数でもよいのです。

　次に累乗根についてです。**p 乗すると a になる数を a の p 乗根といい，$\sqrt[p]{a}$ と書きます**。例えば，$4 \times 4 \times 4 = 64$ なので，$\sqrt[3]{64} = 4$ となり，「4 は 64 の 3 乗根」といいます。2 乗根は別名平方根で，$\sqrt[2]{a}$ の 2 を省略して $\sqrt{a}$ と書きます。平方根は，累乗根の特殊な場合だったのです。指数や累乗根の性質を下にまとめました。

《公式》

以下 $a > 0$，$b > 0$ とする。

① $a^0 = 1$

② $a^p a^q = a^{p+q}$

③ $(a^p)^q = a^{pq}$

④ $(ab)^p = a^p b^p$

⑤ $a^{-p} = \dfrac{1}{a^p}$

⑥ $\sqrt[p]{a}\sqrt[p]{b} = \sqrt[p]{ab}$

⑦ $\sqrt[p]{\sqrt[q]{a}} = \sqrt[pq]{a}$

⑧ $\sqrt[p]{a} = a^{\frac{1}{p}}$

　直感的に理解しにくいのは，式⑤でしょうか。指数が負になっても，全体としての値が負になることはありません。指数の絶対値を分母に，1 を分子にした分数と同じです。例えば，

$$2^{-1} \times 2^2 = \frac{1}{2} \times 4 = 2$$

となります。これは，式②を使って，

$$2^{-1} \times 2^2 = 2^{(-1+2)} = 2$$

と計算することもできます。

式③，⑧ですが，指数と累乗根の関係を表しています。つまり，$\sqrt{a}$ とは $a^{\frac{1}{2}}$ のことだったのです。確かにどちらも2乗してみると一致します。

$$\left(\sqrt{a}\right)^2 = a, \ \left(a^{\frac{1}{2}}\right)^2 = a$$

では実際に問題を解いて指数の計算に慣れていきましょう。

演習問題

1-5 次の計算をしなさい。ただし答えは根号（ルート）の中の数字が最小になるようにすること。

❶ $4^4 \times 2^{-1} \div 2^2$　　　**❷** $\sqrt[3]{81} \times \sqrt[3]{9}$　　　**❸** $\sqrt[3]{\sqrt{64}}$

....

解答・解説

❶ $4^4 \times 2^{-1} \div 2^2$　　◁┄┄┄

> 底がそろっていない場合はまず，底をそろえます。割り算は掛け算に直しますが，そのとき指数の符号が逆転することに注意しましょう。

$$= \left(2^2\right)^4 \times 2^{-1} \times 2^{-2}$$
$$= 2^8 \times 2^{-1} \times 2^{-2}$$
$$= 2^{(8-1-2)} = \underline{2^5(=32)} \quad \cdots（答）$$

> 底がそろっている掛け算の場合，指数を足すときれいな形になります。

❷ $\sqrt[3]{81} \times \sqrt[3]{9}$

> 累乗根を指数に直しつつ底をそろえます。

$$= 81^{\frac{1}{3}} \times 9^{\frac{1}{3}}　◁┄┄$$
$$= \left(3^4\right)^{\frac{1}{3}} \times \left(3^2\right)^{\frac{1}{3}} = 3^{\frac{4}{3}} \times 3^{\frac{2}{3}} = 3^{\left(\frac{4}{3}+\frac{2}{3}\right)} = \underline{3^2(=9)} \quad \cdots（答）$$

❸ $\sqrt[3]{\sqrt{64}}$　　◁┄┄┄

> $\sqrt{\ }$ は $\sqrt[2]{\ }$ のことです。

$$= \sqrt[6]{64}$$
$$= 64^{\frac{1}{6}} = \left(2^6\right)^{\frac{1}{6}} = 2^{\frac{6}{6}} = \underline{2} \quad \cdots（答）$$

1-5　累乗と累乗根　019

SECTION 1-6 指数関数と対数関数（log）

押さえるポイント
- ☑ 指数関数や対数関数は a が 1 より小さいか大きいかによってグラフの形が大きく変化する。
- ☑ 対数関数は log を用いて表現される。

次に，指数を変数とした関数である**指数関数**について学んでいきます。

> 《定義》
> $a > 0, a \neq 1$ として
> $$y = a^x$$
> と表される関数を指数関数という。

指数関数のグラフは以下のようになります。

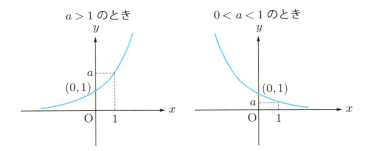

図 1.6.1　指数関数のグラフ

$a > 1$ のとき，グラフは右上がり，$0 < a < 1$ のとき，右下がりとなります。$x = 0$ のとき $a^0 = 1$，$x = 1$ のとき $a^1 = a$ なので，どちらも $(0, 1)$, $(1, a)$ を通るのが特徴といえるでしょう。

さて，次は**対数**です。対数は，指数の逆の関係にあたります。

《定義》

ある数 x が a^y で表されるときの指数 y を，a を底とする x の対数といい，記号 log を用いて $y = \log_a x$ と表される。（a を底，x を真数という。ただし，$a > 0, a \neq 1$, かつ $x > 0$）

例えば $\log_2 4$ の値を求めてみましょう。$2^\square = 4$ となる数を探せばいいわけですから，$\log_2 4 = 2$ ですね。$\log_3 27$ では，$3^\square = 27$ となる数を探せばいいので，$\log_3 27 = 3$ となります。対数の性質は以下のものが挙げられます。

《公式》

以下 $a > 0, a \neq 1, X, Y > 0$ とする。

① $\log_a a = 1$

② $\log_a 1 = 0$

③ $\log_a XY = \log_a X + \log_a Y$

④ $\log_a \dfrac{X}{Y} = \log_a X - \log_a Y$

⑤ $\log_a X^p = p \log_a X$

⑥ $c > 0, c \neq 1$ とする。

$$\log_a X = \frac{\log_c X}{\log_c a}$$

式①は，$a^\square = a$ となる数なのでもちろん 1 ですね。式②は，$a^0 = 1$ から導けます。式③ ④は，log の中の積や商は log の足し算や引き算に変換できることを表しています。式⑤では，指数は log の係数にできることを示しています。この変換はよく使われます。式⑥は，底の変換公式といって，この公式を利用すれば底の部分を任意の数に変換できます。

この真数を変数とした関数が対数関数です。

《定義》 $a > 0, a \neq 1$ とする。x を正の変数として

$$y = \log_a x$$

と表される関数を対数関数という。

1-6 指数関数と対数関数（log） 021

対数関数のグラフは次のようになります。

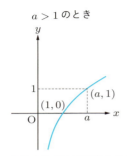
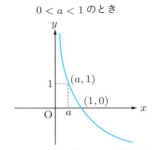

$a > 1$ のときグラフは右上がりです。$(1, 0)$, $(a, 1)$ を通ります。$x < 0$ の範囲は定義されません。

$0 < a < 1$ のときグラフは右下がりです。$(1, 0)$, $(a, 1)$ を通ります。$x < 0$ の範囲は定義されません。

図 I.6.2　対数関数のグラフ

$a > 1$ のとき，グラフは右上がりで，x が 0 に近づくと y は負の無限大に近づき，$0 < a < 1$ のとき，グラフは右下がりで，x が 0 に近づくと y は正の無限大に近づきます。どちらも，$x = 1$ のときに $y = 0$ なので，点 $(1, 0)$ を通ります。

● 人工知能ではこう使われる！

- 人工知能では，尤(もっと)もらしさを表す度合いとして尤度(ゆうど)が使われ，尤度を示す関数を尤度関数といいます。
- 尤度関数は，式的には確率式と同じになり，0 以上 1 以下の値を取ります。
- 尤度関数を掛け算するとき，尤度は 1 以下で表現されるので，どんどん値が小さくなり扱いにくくなります。そのため，尤度の対数（log）を取って計算する対数尤度関数が用いられることが多いです。
- 対数を取ることで，$\log_a XY = \log_a X + \log_a Y$ という式を適用でき，掛け算を足し算で表現できるので，値が小さくなり計算しやすくなります。

演習問題

1-6 次の問にそれぞれ答えなさい。

❶ 以下の関数のグラフをかきなさい。
 (1) $y = 3^x$ (2) $y = \log_{\frac{1}{2}} x$

❷ 次の計算をしなさい。
 (1) $\log_3 \sqrt{27}$ (2) $\log_3 \frac{3}{4} + 4\log_3 \sqrt{2}$

解答・解説

❶ (1)

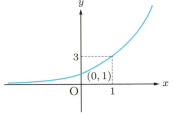

$a > 1$ なので右上がりです。$(0, 1)$ と $(1, 3)$ を通ります。

(2)

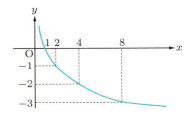

$a < 1$ なので右下がりです。$(1, 0)$ と $(4, -2)$ を通ります。

❷ (1) $\log_3 \sqrt{27}$
$= \log_3 27^{\frac{1}{2}}$ ← 指数計算の能力が試されます。
$= \log_3 (3^3)^{\frac{1}{2}} = \log_3 3^{\frac{3}{2}} = \frac{3}{2} \log_3 3 = \underline{\frac{3}{2}}$ …(答)

(2) $\log_3 \frac{3}{4} + 4\log_3 \sqrt{2}$ ← log の外の 4 を log の中の $\sqrt{2}$ の指数に戻します。
$= \log_3 \frac{3}{4} + \log_3 (\sqrt{2})^4$
$= \log_3 \frac{3}{4} + \log_3 4$ ← $\log_a XY = \log_a X + \log_a Y$ の公式ですね。
$= \log_3 \left(\frac{3}{4} \times 4\right) = \log_3 3 = \underline{1}$ …(答)

SECTION 1-7

自然対数（e/ln/exp）

**押さえる
ポイント**

- ☑ e は $2.718\cdots$ を表す定数である。
- ☑ $\log_e$ のことを ln，e^x のことを $\exp x$ または $\exp(x)$ と表現することがある。

さて，ここからは自然対数をみていきましょう。

《公式》 ネイピア数 e（自然対数の底）

$$e = \lim_{n\to\infty}\left(1+\frac{1}{n}\right)^n = 2.718281\ldots$$

さて，直感的に理解しにくい数式だと感じる人も多いのではないでしょうか。まず押さえるべきは，$e \fallingdotseq 2.7$ ということです。式の中で e という定数があったら，まずはだいたい 2.7 くらいの数値だな，と押さえることが必要です。

さて，公式を一つずつ読み解いていきます。$\lim_{n\to\infty}$ の意味は n を無限大に近づけるということです（詳細は 2-1 を参照）。大きな値にすればするほど，$\left(1+\frac{1}{n}\right)^n$ は一定の値（$2.718281\cdots$）に近づいていきます。これをネイピア数または自然対数の底と呼び，アルファベットを用いて e と表します。これを底とする対数を自然対数といい，$\log_e$ を省略して ln と表すことも多いです。なぜわざわざこのような数を用いるかというと，ネイピア数にはさまざまな便利な性質があるからです。例えば，$\frac{\mathrm{d}}{\mathrm{d}x}e^x = e^x$ や $\frac{\mathrm{d}}{\mathrm{d}x}\ln x = \frac{1}{x}$ などがあります（詳細は 2-6 を参照）。またネイピア数は指数の底にも用いられます（e^x など）。その際 e を底とする指数関数 e^x を $\exp x$ または $\exp(x)$ のように表すこともあります。

SECTION 1-8 シグモイド関数

押さえるポイント ☑ シグモイド関数のグラフをかけるようになる。

この SECTION ではシグモイド関数という特殊な関数について学んでいきたいと思います。シグモイド関数は，人工知能で頻出する関数の一つです。

《定義》
$$\varsigma_a(x) = \frac{1}{1+\exp(-ax)}$$

で表される関数をシグモイド関数という。このとき，a をゲインと呼び，特に $a=1$ のときのシグモイド関数を標準シグモイド関数と呼ぶ[*1]。

シグモイド関数のグラフは次のようになります。

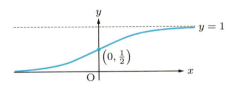

図 1.8.1　シグモイド関数のグラフ

シグモイド関数の特徴としては，x が負の無限大に近づくと分母は正の無限大になるので y は 0 に近づき，x が正の無限大に近づくと分母は 1 に近づくので y は 1 に近づくことが挙げられます。また常に，$\varsigma_a(0) = \frac{1}{2}$ となります。a の値が大きくなるほど，変化の度合が大きくなります。なお，今後断りなく「シグモイド関数」といった場合，$a=1$ の標準シグモイド関数のことを表すものとします。

[*1] ς はギリシャ文字 Σ（シグマ）の語末形。

人工知能ではこう使われる！

・シグモイド関数は活性化関数として，利用されることが多いです。
・活性化関数とは，人工知能モデルの表現力を高めるために使われるクッションのようなものです。
・活性化関数を使うと，非線形分離（＝曲線で分離すること）が可能になるため，複雑な関係性も表現できるようになります。そのためニューラルネットワークなどの人工知能モデルで，このシグモイド関数などが使われています。

COLUMN　いろいろな活性化関数

さて，「人工知能ではこう使われる！」では，活性化関数というキーワードが出てきました。活性化関数にはさまざまな種類があり，ディープラーニングの一つであるDNN，CNNでは「ReLU関数」などが使われ，ディープラーニングの一つであるRNNの一種LSTMでは「tanh関数」「シグモイド関数」などが使われます。ReLU関数とtanh関数の線形を以下にまとめました。

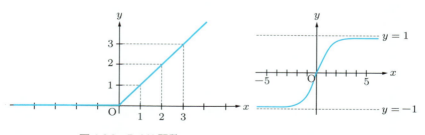

図 I.8.2　ReLU関数　　　図 I.8.3　tanh関数

SECTION 1-9 三角関数（sin/cos/tan）

> **押さえる**
> **ポイント**
> - ☑ 度数法と弧度法の変換ができるようになる。
> - ☑ 三角関数（sin/cos/tan）が単位円上で持つ意味を説明できるようになる。

指数・対数関数に続いて次は**三角関数**を学習します。三角関数とは，角度によって値が変わる，つまり**角度が変数である関数**のことです。三角関数に入る前に，**弧度法**という角度の表現方法を学んでいきます。皆さんが普段使っている角度の表し方は，円1周を360°として角度を表す**度数法**が多いでしょう（30°，90° など）。一方，三角関数では，弧度法と呼ばれる方法で角度を表すことが多いです。

《定義》
半径 r の円で半径と長さが等しい（長さが r の）弧 AB に対する中心角の大きさは一定で，これを 1 ラジアン（rad）と表す。このような角度の表し方を弧度法という[*2]。

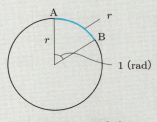

図 1.9.1　弧度法

ここで，半径 1 の円の弧の長さを考えましょう。このような半径 1 の円は**単位**

[*2] 弧度法では単位（rad）を省略することが多い。

円と呼ばれます。例えば、半径 1 の円の 1 周に相当する弧の長さは 2π となります。そのため、弧度法では円の中心角である $360°$ を 2π と表します。それでは半円（中心角 $180°$）ではどうでしょう。半円の弧の長さは $2\pi \div 2 = \pi$ です。よって、$180°$ は弧度法で π と表します。度数法で角度が分かっていて弧度法での表し方が知りたいときは、$360° = 2\pi$ の関係を利用しましょう。

図 I.9.2　単位円の角度と弧の関係（2π と π の場合）

代表的な角度について、度数法と弧度法の関係は以下のようになります。

表 I.9.1　度数法と弧度法

度数法	0°	30°	45°	60°	90°	120°	180°	360°
弧度法	0	$\frac{1}{6}\pi$	$\frac{1}{4}\pi$	$\frac{1}{3}\pi$	$\frac{1}{2}\pi$	$\frac{2}{3}\pi$	π	2π

これらの角は今後よく使うので、瞬間的に思い出せるようになるといいですね。今後、本書では、基本的に角度は弧度法で表すことにします。

では、準備が終わったところで、いよいよ三角関数に入っていきます。

> **《定義》**
> 単位円（xy 平面上で原点 O を中心とする半径 1 の円）の円周上に点 A(x, y) を取る。x 軸の正の部分と線分 AO がなす角を θ とするとき、$\cos\theta = x$（A の x 座標）、$\sin\theta = y$（A の y 座標）、$\tan\theta = \frac{y}{x}$（線分 AO の傾き）とする。

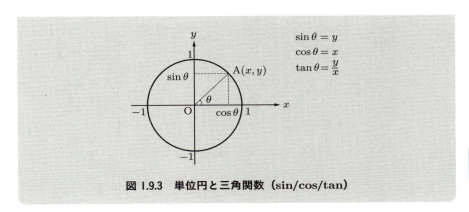

図 1.9.3　単位円と三角関数 (sin/cos/tan)

sin とは**正弦 (sine)** の記号で「サイン」と読みます（例えば $\sin\frac{\pi}{2}$ ならサイン 2 分のパイと読む）。同様に，cos は**余弦 (cosine)** の記号で「コサイン」，tan は**正接 (tangent)** の記号で「タンジェント」と読みます。

具体的な例を見ていきましょう。例えば $\theta = 0$ のとき，点 A の座標は $(1, 0)$ ですね。$\cos\theta$ は A の x 座標のことなので $\cos 0 = 1$，$\sin\theta$ は A の y 座標なので $\sin 0 = 0$，$\tan\theta$ は $\frac{y}{x}$ なので $\tan 0 = 0$ ですね。

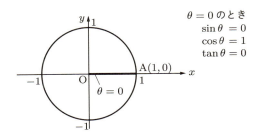

図 1.9.4　$\theta = 0$ のときの点 A と単位円

次に，$\theta = \frac{1}{6}\pi\ (= 30°)$ のときを考えます。単位円上に $\theta = \frac{1}{6}\pi$ となるように点 A を取ります。このとき，$30°$，$60°$，$90°$ の三角定規の三角形ができます。この三角形の辺の比は図 1.9.5 のようになるので，点 A の座標は $\left(\frac{\sqrt{3}}{2}, \frac{1}{2}\right)$ となります。よって，$\cos\frac{1}{6}\pi = \frac{\sqrt{3}}{2}$，$\sin\frac{1}{6}\pi = \frac{1}{2}$，$\tan\frac{1}{6}\pi = \frac{\sqrt{3}}{3}$ となります。

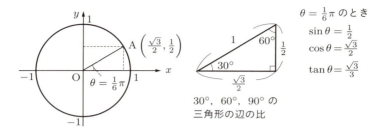

図 1.9.5 $\theta=\frac{1}{6}\pi$ のときの点 A と単位円

$\theta = \dfrac{1}{4}\pi\ (=45°)$ のときに，もう一つの三角定規である $45°$，$45°$，$90°$ の直角三角形ができます。この三角形の辺の比は図 1.9.6 のようになるので，$\cos\dfrac{1}{4}\pi = \dfrac{\sqrt{2}}{2}$，$\sin\dfrac{1}{4}\pi = \dfrac{\sqrt{2}}{2}$，$\tan\dfrac{1}{4}\pi = 1$ となります。これらのように $\dfrac{1}{6}\pi$ $(=30°)$ や $\dfrac{1}{4}\pi(=45°)$ の倍数の角のときの三角比は，単位円上に三角定規をかくと求めることができます。

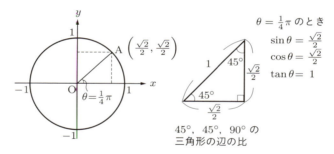

図 1.9.6 $\theta=\frac{1}{4}\pi$ のときの点 A と単位円

代表的な角度に対する三角関数の値は以下のようになります。

表 1.9.2 三角関数（sin/cos/tan）の値

θ	0	$\frac{1}{6}\pi(=30°)$	$\frac{1}{4}\pi(=45°)$	$\frac{1}{3}\pi(=60°)$	$\frac{1}{2}\pi(=90°)$
$\sin\theta$	0	$\dfrac{1}{2}$	$\dfrac{\sqrt{2}}{2}$	$\dfrac{\sqrt{3}}{2}$	1
$\cos\theta$	1	$\dfrac{\sqrt{3}}{2}$	$\dfrac{\sqrt{2}}{2}$	$\dfrac{1}{2}$	0
$\tan\theta$	0	$\dfrac{\sqrt{3}}{3}$	1	$\sqrt{3}$	$-$

θ	$\frac{2}{3}\pi(=120°)$	$\frac{5}{6}\pi(=150°)$	$\pi(=180°)$	$\frac{3}{2}\pi(=270°)$	$2\pi(=360°)$
$\sin\theta$	$\frac{\sqrt{3}}{2}$	$\frac{1}{2}$	0	-1	0
$\cos\theta$	$-\frac{1}{2}$	$-\frac{\sqrt{3}}{2}$	-1	0	1
$\tan\theta$	$-\sqrt{3}$	$-\frac{\sqrt{3}}{3}$	0	$-$	0

$\frac{1}{2}\pi(=90°)$ と $\frac{3}{2}\pi(=270°)$ の $\tan\theta$ の値は存在しません。図をかくと分かりますが，直線の傾きが垂直となり，定義できなくなってしまうからです。また，三角関数の特徴として，2π ごとに同じ値を繰り返します。円は 1 周が 2π なので当たり前といえば当たり前ですね。また先ほどの三角関数の定義の図を見てください。点 A は半径 1 の円周上にあるので x, y **座標の取り得る値の範囲は** $-1 \leqq x \leqq 1, -1 \leqq y \leqq 1$ です。よって，$\sin\theta$ **と** $\cos\theta$ **の値域（取り得る値の範囲）は** $-1 \leqq \sin\theta \leqq 1, -1 \leqq \cos\theta \leqq 1$ となります。$\tan\theta$ は任意の実数値を取ります。

次に，三角関数の関係を表す重要な公式を 3 つ紹介します。

《公式》
① $\tan\theta = \dfrac{\sin\theta}{\cos\theta}$
② $\sin^2\theta + \cos^2\theta = 1$
③ $1 + \tan^2\theta = \dfrac{1}{\cos^2\theta}$

式①は，三角関数の定義である $\tan\theta = \dfrac{y}{x}$ の x と y に $\cos\theta$ と $\sin\theta$ を代入すれば導けます。式②は，単位円上の三角形について三平方の定理を使えば導けます。また，式③は，式②の両辺を $\cos^2\theta$ で割ると求められます。

最後に，三角関数のグラフを紹介します。グラフの横軸を θ，縦軸を y として，$y = \sin\theta$，$y = \cos\theta$，$y = \tan\theta$ のグラフをかくと図 1.9.8 のようになります。

$y = \sin\theta$，$y = \cos\theta$ のグラフでは 2π ごとに，$y = \tan\theta$ では π ごとに同じグラフの形を繰り返します。このように**周期的に同じ値を繰り返す関数**を **周 期 関 数** といいます。$y = \sin\theta$，$y = \cos\theta$ の周期は 2π，$y = \tan\theta$ の周期は π ですね。

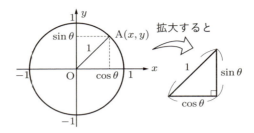

図 I.9.7　単位円上での三角関数（sin/cos/tan）の意味

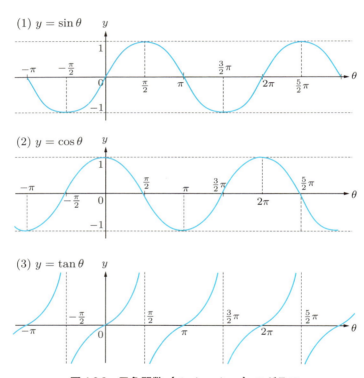

図 I.9.8　三角関数（sin/cos/tan）のグラフ

　また，$y = \cos\theta$ のグラフでは $f(-x) = f(x)$ が成り立っています。いわば左右対称なグラフの関数です。このような y 軸に関して対称な関数を**偶関数**といいます。$y = \sin\theta$ では $f(-x) = -f(x)$ が成り立っています。いわば原点を

対称点（対称の中心）とする点対称なグラフの関数です。このように**原点を対称点とする点対称な関数**を奇関数（きかんすう）といいます。

> ## ● 人工知能ではこう使われる！
>
> ・人工知能で音声認識を行うときに，音の波を解析するために，**フーリエ変換**が行われることがあります。
> ・フーリエ変換とは，複雑な波形を持つ関数を三角関数の足し算で表現するという数式表現の変換方法です。

演習問題

1-9 次の問にそれぞれ答えなさい。

❶ 度数法で表されている角の大きさを弧度法に直しなさい。

(1) $90°$ (2) $60°$ (3) $240°$ (4) $327°$

❷ θ の値が以下のときの $\sin\theta$, $\cos\theta$, $\tan\theta$ の値を求めなさい。

(1) $\frac{1}{6}\pi$ (2) $\frac{3}{4}\pi$ (3) $\frac{4}{3}\pi$ (4) $\frac{13}{4}\pi$

❸ $\sin\theta = \frac{1}{3}$ のとき，$\cos\theta$ と $\tan\theta$ の値を求めなさい。ただし $0 \leqq \theta \leqq \frac{1}{2}\pi$ とします。

解答・解説

❶ $360° = 2\pi$ …(i) を変形すると，$1° = \frac{\pi}{180}$ …(ii) となります。

(1) $90° = \frac{1}{2}\pi$ ⟵----- 式 (i) の両辺を 4 で割りました。

(2) $60° = \frac{1}{3}\pi$ ⟵----- 式 (i) の両辺を 6 で割りました。

(3) $240° = \frac{4}{3}\pi$ ⟵----- (2) の式の両辺を 4 倍しました。
$60° \times 4 = 240°$, $\frac{1}{3}\pi \times 4 = \frac{4}{3}\pi$

1-9　三角関数（sin/cos/tan）

(4) $327° = \frac{327}{180}\pi = \frac{109}{60}\pi$ $\longleftarrow$ ------------ 式 (ii) の両辺を 327 倍しました。

❷ 全て有名角なので答えだけ書いていきます。分からなくなったら，単位円を かいて角が θ となるような点 A を取り，そのときの x 座標を $\cos\theta$, y 座標 を $\sin\theta$, $\frac{y}{x}$ を $\tan\theta$ とすれば OK です。

(1) $\sin\frac{1}{6}\pi = \frac{1}{2}$, $\cos\frac{1}{6}\pi = \frac{\sqrt{3}}{2}$, $\tan\frac{1}{6}\pi = \frac{\sqrt{3}}{3}$

(2) $\sin\frac{3}{4}\pi = \frac{\sqrt{2}}{2}$, $\cos\frac{3}{4}\pi = -\frac{\sqrt{2}}{2}$, $\tan\frac{3}{4}\pi = -1$

(3) $\sin\frac{4}{3}\pi = -\frac{\sqrt{3}}{2}$, $\cos\frac{4}{3}\pi = -\frac{1}{2}$, $\tan\frac{4}{3}\pi = \sqrt{3}$

(4) 三角関数は 2π ごとに同じ値を取るので，$\frac{13}{4}\pi$ のかわりに $\frac{5}{4}\pi$ について調 べれば OK です。

$\sin\frac{13}{4}\pi = -\frac{\sqrt{2}}{2}$, $\cos\frac{13}{4}\pi = -\frac{\sqrt{2}}{2}$, $\tan\frac{13}{4}\pi = 1$

❸ $\sin\theta$ の値が分かっているので，$\sin^2\theta + \cos^2\theta = 1$ を使って $\cos\theta$ の値を求め ます。

$\sin^2\theta + \cos^2\theta = 1$ に $\sin\theta = \frac{1}{3}$ を代入

$\left(\frac{1}{3}\right)^2 + \cos^2\theta = 1$

$\cos^2\theta = 1 - \frac{1}{9} = \frac{8}{9}$

$\cos\theta = \pm\frac{2\sqrt{2}}{3}$

$\cos\theta$ の値が 2 つ出ますが，θ の範囲が $0 \leqq \theta \leqq \frac{1}{2}\pi$ なので，$\cos\theta = \frac{2\sqrt{2}}{3}$ が 正しい $\cos\theta$ の値です。

$\tan\theta$ の値は $\tan\theta = \frac{\sin\theta}{\cos\theta}$ で求めます。

$\tan\theta = \frac{\sin\theta}{\cos\theta} = \frac{\frac{1}{3}}{\frac{2\sqrt{2}}{3}} = \frac{1}{2\sqrt{2}} = \frac{\sqrt{2}}{4}$

よって $\underline{\cos\theta = \frac{2\sqrt{2}}{3}, \ \tan\theta = \frac{\sqrt{2}}{4}}$ …(答)

SECTION 1-10 絶対値とユークリッド距離

押さえる ポイント
- ☑ **絶対値**や**ユークリッド距離**はどのような距離を表しているのか説明できるようになる。
- ☑ 絶対値は | という記号，ユークリッド距離は ‖ という記号で表される。

さて，ここからは少し関数の概念から外れ，新しい内容を確認します。まずは絶対値を確認しましょう。**ある数の絶対値とは，その数と 0 との数直線上での距離**です。例えば，以下の図のように 3 は 0 から 3 離れているので 3 の絶対値は 3 ですし，-3 と 0 の距離も 3 ですので -3 の絶対値も 3 です。

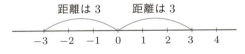

図 1.10.1　絶対値と距離

絶対値を数式で表したければ「|」で数字や文字を挟みます。例えば，$|3| = 3$ となり，$|-3| = 3$ です。絶対値の記号を外す場合，**中の数字や文字の大きさが正ならそのまま記号を外し，負なら符号を逆転させて記号を外します**。例えば，$a < 0$ のときに $|a|$ を求めたければ，$|a| = -a$ となります。a が負なので $-a$ は正になるわけですね。

次に**ユークリッド距離**です。これは，ある点と点の間を定規で測るような距離のことを指します。皆さんが想像する距離そのものかもしれません。xy 座標上の点 $(4, 0)$ と原点 $(0, 0)$ の距離は 4 ですよね。これこそがユークリッド距離です。**点 A と点 B のユークリッド距離とはそれら 2 点を結んだ線分 AB の長さのことです。**

まず 1 次元のユークリッド距離から求めてみます。1 次元なので数直線上で考え

ます。1次元において点 A，B 間の距離は 2 点の数値の差の絶対値に等しいので，$|A - B|$ で表せます。例えば，4 と -1 の距離は $|4 - (-1)| = |5| = 5$ ですね。

次は 2 次元での距離です。2 次元なので xy 座標平面上で考えます。**2 次元において点 $A(a_1, a_2)$ と点 $B(b_1, b_2)$ の距離は $\sqrt{(a_1 - b_1)^2 + (a_2 - b_2)^2}$ で表せます**。この公式は，下の図のように，三平方の定理を使って斜辺（線分 AB）の長さを求めているものです。

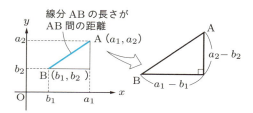

図 1.10.2　2 次元での距離

最後に 3 次元での距離を説明していきます。3 次元なので xyz 座標空間で考えます。3 次元において**点 $A(a_1, a_2, a_3)$ と点 $B(b_1, b_2, b_3)$ の距離は $\sqrt{(a_1 - b_1)^2 + (a_2 - b_2)^2 + (a_3 - b_3)^2}$ で表されます。**

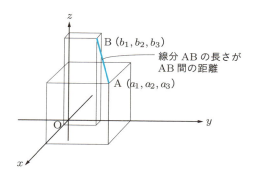

図 1.10.3　3 次元での距離

2 次元のときの距離の公式と似ていると思いませんか？　3 次元の距離の公式も三平方の定理から導くことができるのです。

以上3通りの次元での距離の公式を紹介しましたが，これらはすべてユークリッド距離です。点Aと原点のユークリッド距離は，記号「∥ ∥」を用いて $\|A\|$ と，2点A, B間の距離は，$\|A - B\|$ と表すことができます。

● 人工知能ではこう使われる！

- 人工知能には，過去のデータを解析し，最適なモデル式を求める訓練フェーズと，そのモデル式を使って，未知のデータのカテゴリや数値を予測する推論フェーズがあります。
- ユークリッド距離は，さまざまな人工知能アルゴリズムで登場します。例えばk-近傍法（k-NN）という分類法もその一種です。これは教師あり学習と呼ばれるカテゴリの一種であり，事前に正解ラベルのついたデータセットの用意が必要です。
- k-近傍法では，訓練フェーズで訓練データをベクトル空間上にプロットします。推論フェーズでは，未知データをその空間上にプロットします。このとき，近くにあるk個のプロットされた正解ラベルを見て，どのカテゴリに属するかを推論するアルゴリズムで，近くにあるかどうかを判別するため，ユークリッド距離が利用されます。
- 例えば，訓練フェーズでは以下のように「ページ数」「発刊頻度」という軸で，訓練データのカテゴリをマッピングします。推論フェーズでは推論したいデータ（今回は？で示しました）のページ数と発刊頻度をマッピングします。ここで，$k = 3$とすると，2つが「週刊誌」カテゴリ，1つが「広告雑誌」カテゴリに分類されるので，そのデータは「週刊誌」だと推論できます。

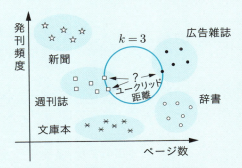

図1.10.4　ユークリッド距離

演習問題

1-10 次の問にそれぞれ答えなさい。

❶ 次の式の絶対値を外しなさい。

(1) $|-2|$　　　(2) $|-\frac{3}{2}|$

(3) $x < 3$ のとき　$|x-3|$　　　(4) $x > 3$ のとき　$|x-3|$

(5) $a < b$ のとき　$|a-b|$

❷ 次の2点間のユークリッド距離を求めなさい。ただし，(1) は1次元，(2) は2次元，(3) は3次元上の点です。

(1) 2点　A(3)，B(−2)　　　(2) 2点　A(2, −2)，B(−3, 1)

(3) 2点　A(1, 3, −1)，B(−1, 0, 1)

....

解答・解説

❶ (1) $|-2| = 2$

(2) $|-\frac{3}{2}| = \frac{3}{2}$

(3) $|x-3| = -x+3$ ◁---- $x < 3$ なので，$x-3$ は必ず負になります。絶対値を外すとき，符号を入れ替えます。

(4) $|x-3| = x-3$ ◁---- $x > 3$ なので，$x-3$ は必ず正になります。そのまま絶対値を外してOKです。

(5) $|a-b| = -a+b$ ◁---- $a < b$ なので，$a-b$ は必ず負になります。絶対値を外すとき，符号を入れ替えます。

❷ (1) $|3-(-2)| = |3+2| = |5| = \underline{5}$　…（答）

(2) $\sqrt{\{2-(-3)\}^2 + (-2-1)^2} = \sqrt{5^2 + (-3)^2} = \sqrt{25+9} = \underline{\sqrt{34}}$　…（答）

AからBを引いても，BからAを引いても，どちらでもOKです。

(3) $\sqrt{\{1-(-1)\}^2 + (3-0)^2 + (-1-1)^2} = \sqrt{2^2 + 3^2 + (-2)^2}$
$= \sqrt{4+9+4} = \underline{\sqrt{17}}$　…（答）

SECTION 1-11 数列

押さえる ポイント

☑ 数列の和の公式と一般項の表し方を理解し，計算できるようになる。

☑ Σ や Π という記号は，足し算および掛け算を表している。

この SECTION では数列を扱っていきます。数列を使うことで，数の並びをシンプルに表せるため，たくさんのデータを処理する人工知能では頻出のテーマとなります。さて，**数列とは数が並んだもの**です。並び方は何でもよく，数が並んでさえいれば数列と呼びます。しかし，ばらばらに並んでいる数列に数学的意味はあまりないので，数学やその応用分野では，規則を持って並んだ数列を扱うことがほとんどです。また，数列を作っている一つ一つの数を項といい，$a_1, a_2, a_3, a_4, \cdots, a_{n-1}, a_n$ のように数列が表されていたら，a_1 を第 1 項，a_2 を第 2 項，a_n を第 n 項といい，特に第 1 項を初項，最後の項を末項といいます。

数列の種類は無限にありますが，この SECTION ではその中でも一番基礎となる等差数列，等比数列を扱っていきます。以下の数列を見てください。

$$2, 5, 8, 11, 14, 17, 20, 23, \cdots\cdots$$

この数列にはどんな特徴があるでしょうか。どの項を見ても，1 つ前の項に比べ 3 増えていますね（数式で書くと $a_{n+1} = a_n + 3$）。このように**隣接する項の差が一定である数列を等差数列**といい，その差を公差といいます（d で表すことが多いです）。この数列の公差は 3 ですね。逆にいえば，等差数列では公差を足せば次の項の数が求められます。**等差数列の一般項（数列の第 n 項を数式で表したもの）**は次のようになります。

1-11 数列 039

《公式》等差数列

初項を a, 公差を d とするとき, 等差数列の第 n 項 a_n は以下のように表される。

$$a_n = a + (n-1)d$$

例に出した数列は初項が 2, 公差が 3 なので, 一般項は, $a_n = 2 + (n-1) \times 3 = 3n - 1$ となります。

次に等差数列の和を求めていきます。例えば, 初項が 2 で公差が 3, 項数が 9, 末項が 26 である数列の全ての項の和 S を求めたいとします。もちろん, $2+5+8+11+14+17+20+23+26$ を計算すれば求められますが, 非常に面倒ですね。そこで以下のように, 数列を逆に並べたものを書き, 上下を足します。

$$
\begin{array}{r}
S = 2 + 5 + 8 + 11 + 14 + 17 + 20 + 23 + 26 \\
+)\quad S = 26 + 23 + 20 + 17 + 14 + 11 + 8 + 5 + 2 \\
\hline
2S = 28 + 28 + 28 + 28 + 28 + 28 + 28 + 28 + 28
\end{array}
$$

式 1.11.1 等差数列の和

すると左辺が $2S$, 右辺は初項と末項を足したものが項の数だけできました。右辺の計算は簡単ですね。(初項 2 + 末項 26) × 項数 9 なので $(2 + 26) \times 9 = 252$ となります。左辺は $2S$ なので和 S が知りたければ両辺を 2 で割ればいいので $S = \frac{252}{2} = 126$ と求められます。以上のことを一般化すると等差数列の和の公式が導けます。

《公式》等差数列の和

初項を a, 末項を l, 項数を n, 初項から末項までの和を S とする。

$$S = \frac{1}{2}n(a + l)$$

この公式は非常に重要ですので, 意味を理解した上で暗記してしまいましょう。日本語では, 「$\frac{1}{2}$ × 項数 × (初項 + 末項)」と覚えるのがいいでしょう。

続いて等比数列です。次の数列を見てみましょう。

$$3, 6, 12, 24, 48, 96, 192, \cdots\cdots$$

次の項に移るたびに数が 2 倍になっていますね（数式で書くと $a_{n+1} = 2a_n$）。このように**隣接する項の比が一定である数列を等比数列**といい，その比を<u>公比</u>（r で表すことが多いです）といいます。上記の数列では公比は 2 です。初項を a，公比を r とすると，等比数列は $a, ar, ar^2, ar^3, \cdots\cdots, ar^n$ のようになるので，**等比数列の一般項**は以下のようになります。

《公式》等比数列の一般項

初項を a，公比を r とするとき，等比数列 a_n の一般項は以下のように表される。
$$a_n = ar^{n-1}$$

例に挙げた数列ですと，$a_n = 3 \times 2^{n-1}$ となります。

等比数列の和も考えていきます。初項が 3，公比が 2，項数が 7，末項 192 の等比数列の和 $S = (3 + 6 + 12 + 24 + 48 + 96 + 192)$ を求めてみましょう。もちろんそのまま足したのでは大変ですので，今回も工夫をします。以下のように，各項を公比倍したものを下に並べて，両辺について上式から下式を引きます。

$$
\begin{aligned}
S &= 3 + \quad 6 \quad + \quad 12 \quad + \quad 24 \quad + \quad 48 \quad + \quad 96 \quad + \quad 192 \\
-)\quad 2S &= \qquad 3\times2 + 6\times2 + 12\times2 + 24\times2 + 48\times2 + 96\times2 + 192\times2 \\
\hline
(1-2)S &= 3 \qquad\qquad\qquad\qquad\qquad\qquad\qquad\qquad\qquad\qquad -192\times2
\end{aligned}
$$

式 1.11.2　等比数列の和

すると，初項と，末項に 2 を掛けたものが残って，(1 − 公比の 2) × S = (初項の 3) − (末項 × 2) となります。これを変形して S について求めると，$S = 381$ となります。この操作を一般化すると等比数列の和の公式が導けます。

1-11　数列　041

> **《公式》等比数列の和**
>
> 初項を a，公比を r，初項から第 n 項までの和を S_n とする。
> (1) $r \neq 1$ のとき　$S_n = \dfrac{a(1-r^n)}{1-r} = \dfrac{a(r^n-1)}{r-1}$
> (2) $r = 1$ のとき　$S_n = na$

(1) の公式は形が 2 つあり，どちらを使っても大丈夫ですが，r が 1 より小さければ第 2 辺（真ん中）を，1 より大きければ第 3 辺を使うと計算しやすいです。$r = 1$ のときは，初項と同じ数がずっと並ぶので，(1) の公式では求められず初項に項数を掛けたもので和が求められます。

次に $\sum$ **（シグマ）** と $\prod$ **（パイ）** です。これらは **総和（全てを足したもの）** と **総乗（全てを掛けたもの）** を表します。

まずは $\sum$ から説明します。**ある数列 $a_1, a_2, a_3, a_4, \cdots\cdots, a_{n-1}, a_n$ の和 $(a_1 + a_2 + a_3 + a_4 + \cdots\cdots + a_{n-1} + a_n)$ を $\displaystyle\sum_{k=1}^{n} a_k$ と表します。** つまり，$\sum$ **とは数列の和を表している記号**なのです。$\displaystyle\sum_{k=p}^{q} a_k$ とあったら数列 $\{a_n\}$ の第 p 項から第 q 項までの和を表します。例えば $\displaystyle\sum_{k=1}^{4} (3k+1)$ と記されていたら，それは数列 $\{3k+1\}$ の第 1 項から第 4 項までの和を表しているのです。これを計算すると，以下のようになります。

$$\sum_{k=1}^{4} (3k+1) = \overbrace{(3 \times 1 + 1)}^{\text{第 1 項}} + \overbrace{(3 \times 2 + 1)}^{\text{第 2 項}} + \overbrace{(3 \times 3 + 1)}^{\text{第 3 項}} + \overbrace{(3 \times 4 + 1)}^{\text{第 4 項}}$$
$$= 4 + 7 + 10 + 13 = 34$$

式 1.11.3　Σ を使った式

次に $\displaystyle\sum_{k=1}^{n} k$ の値を求めてみましょう。これは，初項 1，公差 1 の等差数列の初項から第 n 項までの和なので，等差数列の和の公式より

$$\sum_{k=1}^{n} k = 1 + 2 + 3 + 4 + \cdots\cdots + (n-1) + n = \frac{1}{2}n(n+1)$$

となります。この $\displaystyle\sum_{k=1}^{n} k$ の値はよく計算で使うので，覚えてしまうといいです。

さらに，$\displaystyle\sum_{k=1}^{n} k^2$，$\displaystyle\sum_{k=1}^{n} k^3$ の値もよく出てくるので，こちらも併せて押さえておきましょう。以下に重要な和の公式をまとめておきました。

《公式》数列の和

(1) $\displaystyle\sum_{k=1}^{n} k = \dfrac{1}{2}n(n+1)$

(2) $\displaystyle\sum_{k=1}^{n} k^2 = \dfrac{1}{6}n(n+1)(2n+1)$

(3) $\displaystyle\sum_{k=1}^{n} k^3 = \left\{\dfrac{1}{2}n(n+1)\right\}^2$

(4) $\displaystyle\sum_{k=1}^{n} c = nc$ （ただし c は定数）

また $\sum$ には，以下のような性質があります。

《公式》$\sum$ の性質

(1) $\displaystyle\sum_{k=1}^{n} (a_k + b_k) = \sum_{k=1}^{n} a_k + \sum_{k=1}^{n} b_k$

(2) $\displaystyle\sum_{k=1}^{n} pa_k = p\sum_{k=1}^{n} a_k$ （ただし p は定数）

$\sum$ の計算では，数列の和を各数列ごとに分けることができて，定数は前に出すことができます。

最後に $\prod$ についてです。これは $\sum$ が掛け算になっただけで，意味は似ています。**数列 $a_1, a_2, a_3, a_4, \cdots\cdots, a_{n-1}, a_n$ の積 $(a_1 \times a_2 \times a_3 \times a_4 \times \cdots\cdots \times a_{n-1} \times a_n)$ を $\displaystyle\prod_{k=1}^{n} a_k$ と表します。**例えば $a_k = 2k - 1$ で表される数列 $\{a_n\}$ があり $\displaystyle\prod_{k=1}^{4} a_k$ の値は，$\displaystyle\prod_{k=1}^{4} a_k = a_1 \times a_2 \times a_3 \times a_4 = 1 \times 3 \times 5 \times 7 = 105$ と計算できます。$\prod$ に関しての重要な公式はありませんので，定義と計算方法をしっかりと理解しておけば大丈夫です。

1-11　数列　043

● 人工知能ではこう使われる！

- 機械学習分野の中で，注目されているアルゴリズムの一つである「ニューラルネットワーク」は，人間の脳内にある神経細胞である「ニューロン」と，そのつながりを人工的に模したものです。
- ニューロンに入力される値は，「入力値」に「重み（w）」といわれる数を掛け，定数を加えて全てを足し合わせたものになります。
- ニューラルネットワークでは，ものによっては1つのモデルでこの足し算が数百万回以上行われる場合があり，全てを書き下すのは現実的ではありません。よって，$\sum$ で表現すると便利です。

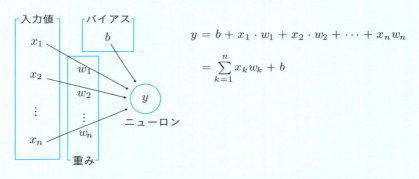

図 1.11.1　ニューラルネットワークの概要

演習問題

1-11 次の問にそれぞれ答えなさい。

① 等差数列「$1, 3, 5, 7, 9, \cdots\cdots$」の一般項を求めなさい。

② 初項が 2，公差が -2，項数が 10 の等差数列の和を求めなさい。

③ 等比数列「$3, 9, 27, 81, 243, \cdots\cdots$」の一般項を求めなさい。

④ 初項が 2，公比が 2，項数が 6 の等比数列の和を求めなさい。

⑤ $\displaystyle\sum_{k=1}^{n}(2k^2 + k + 1)$ を求めなさい。

解答・解説

❶ 数列から初項と公差を見つけます。初項は 1，公差は 2 なので
$$a_n = 1 + (n-1) \times 2 = 1 + 2n - 2 = \underline{2n-1} \quad \cdots \text{（答）}$$

> $n = 1, 2, \cdots$ と代入していくと，きちんと元の数列になることが分かります。

❷ 末項が分からないので，まず末項を求めます。

この等差数列の一般項は，公式より
$$a_n = 2 + (n-1) \times (-2)$$
第 10 項が今回の末項なので，$n = 10$ を代入して
$$a_{10} = 2 + (10-1) \times (-2) = -16$$
末項が -16 と分かったので，等差数列の和の公式より
$$S = \frac{1}{2} \times 10 \times (2-16) = \frac{1}{2} \times 10 \times (-14) = \underline{-70} \quad \cdots \text{（答）}$$

❸ 数列から初項と公比を読み取ります。初項は 3，公比も 3 ですね。
$$a_n = 3 \times 3^{n-1}$$
$$= \underline{3^n} \quad \cdots \text{（答）}$$

> 指数計算の公式よりまとめることができます。

❹ 等比数列の和の公式 $S_n = \dfrac{a(r^n - 1)}{r-1}$ より
$$S_6 = \frac{2(2^6 - 1)}{2-1} = 2 \times 2^6 - 2 = 128 - 2 = \underline{126} \quad \cdots \text{（答）}$$

❺ $\displaystyle \sum_{k=1}^{n} (2k^2 + k + 1)$

$$= \sum_{k=1}^{n} 2k^2 + \sum_{k=1}^{n} k + \sum_{k=1}^{n} 1$$

> $\sum$ は項ごとに分けることができます。

$$= 2\sum_{k=1}^{n} k^2 + \sum_{k=1}^{n} k + \sum_{k=1}^{n} 1$$

> k と無関係な定数は $\sum$ の前に出せます。

$$= 2\left\{ \frac{1}{6} n(n+1)(2n+1) \right\} + \frac{1}{2} n(n+1) + n$$

> 公式を使い $\sum$ を計算します。

$$= \underline{\frac{2}{3} n^3 + \frac{3}{2} n^2 + \frac{11}{6} n} \quad \cdots \text{（答）}$$

> 計算してまとめました。

SECTION 1-12 要素と集合（∈/⊂）

> **押さえるポイント**
>
> ☑ **要素**と**集合**は，∈ や ⊂ という記号によって表現される。

いよいよ CHAPTER 1 最後の SECTION です。最後は集合について学びます。この SECTION では，計算がほとんど出てきません。

10 以下の自然数の偶数の集まりは，2，4，6，8，10 です。このように**ある条件を満たすものの集まりをまとめて考えるとき，その集まりを集合**といいます。属するか否かがはっきりと判別できるもののみを集合といいます。

集合を構成している一つ一つのものを要素といいます。集合は，{ } を用いて 2 通りで表せます。一つ目が**要素を $\{2, 4, 6, 8, 10\}$ のように書き並べる方法**です。もう一つは $\{x \mid x \text{ は 10 以下の自然数の偶数}\}$ のように，**$\{x \mid x \text{ に対する条件}\}$ のように書く方法**です。集合そのものに名前を付けたければ，$A = \{2, 4, 6, 8, 10\}$ とすれば集合に名前を付けることができます。ある要素 x が集合 A に属していることを示すときは，$x \in A$ とすればよく，要素 x が集合 A に属していないことを示すときは，$x \notin A$ とすればよいです。

2 つの集合 A，B について，B の要素が全て A の要素であるとき，B は A の**部分集合**といい，$B \subset A$ と表します。また A の要素と B の要素が完全に一致しているとき，集合 A と B は等しく，$A = B$ と表します。このとき，$A \subset B$ かつ $A \supset B$ でもあります。例えば，集合 $A = \{x \mid x \text{ は 10 以下の自然数}\}$，集合

図 1.12.1　集合 A と集合 B を表すベン図

$B = \{x|x$ は 10 以下の正の奇数$\}$ の関係について考えます。集合の関係について考えるときには図をかくと分かりやすいです。図 1.12.1 のような集合を表す図を**ベン図**といいます。

図 1.12.1 より，B の要素は全て A の要素でもあると分かるので，集合 B は集合 A の部分集合であり，$B \subset A$ となります。

また要素を 1 つも持たない集合を考えることができ，それを**空集合**といい，記号 ϕ で表します。空集合はあらゆる集合の部分集合でもあります。つまり，任意の集合 A に対して，$\phi \subset A$ といえます。

2 つの集合 A，B について A，B どちらにも属している要素の集合を，A と B の**積集合**といい，$A \cap B$ と表します。また，A と B の少なくともどちらか一方に属する要素の集合を，A と B の**和集合**といい，$A \cup B$ と表します。ベン図で表すと以下のようになります。

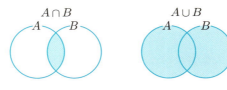

図 1.12.2　$A \cap B$ と $A \cup B$

演習問題

1-12 次の問にそれぞれ答えなさい。

❶ 次の集合を要素を書き並べる方法で示しなさい。
  (1) $\{x|x^2 = 9\}$
  (2) $\{x|x$ は 12 の正の約数$\}$

❷ 集合 $A = \{1, 2, 3, 4, 5, 6\}$，$B = \{4, 5, 6, 7, 8, 9\}$ があります。以下の集合を求めなさい。
  (1) $A \cap B$
  (2) $A \cup B$

解答・解説

❶ (1) $\{-3, 3\}$

(2) $\{1, 2, 3, 4, 6, 12\}$

> x は $x^2 = 9$ を満たす数なので，この集合の要素は -3 と 3 です。

❷

> 共通部分や和集合を求めるときはベン図をかくのが便利です。

(1) 上のベン図の共通部分（積集合）なので，$\{4, 5, 6\}$ …（答）

(2) 上のベン図の和集合なので，$\{1, 2, 3, 4, 5, 6, 7, 8, 9\}$ …（答）

COLUMN "state of the art" とは？

　人工知能の大きな変革を伴う新しい技術を発見・開発できた場合，「それは "state of the art" だね」などと言われる場合があります。ここでの "art" とは，技術を意味しており，"state of the art" とは最先端の技術という意味です。

　機械学習や人工知能に関するニュースは毎日のように報道されています。しかし，最先端の技術を伴っていなくとも「AI 搭載」などと表現されることが多く，どのニュースが "state of the art" かどうかは読み手のリテラシーに委ねられているのが現実です。技術の良し悪しを正しく判断するためには，人工知能に関する基本的な知識が必要であるため，人工知能の知識は新しい教養として認知されることになるのではないでしょうか。

2

>CHAPTER 2

微分

　微分とは，滑らかなグラフの一瞬の変化の割合を示すもので，高校数学から大学数学まで幅広く登場する数学の大事な概念の一つです。通常，微分・積分とセットで議論されることが多いのですが，機械学習分野で，積分はほとんど登場しません。そのため，この本は，「微分」に注力して学習します。

　この CHAPTER では，高校数学の範囲を中心に，微分の概念や表現方法を確認することを目的としています。機械学習で登場するテーマとしては，「ディープラーニング（深層学習）」「ニューラルネットワーク」「最小 2 乗法」「勾配降下法」「誤差逆伝播法」などです。

SECTION 2-1 極限（lim）

押さえるポイント
- ☑ **極限**とは，一定の値に限りなく近づけることである。
- ☑ 極限を含む計算ができるようになる。

さて，この CHAPTER から微分に入っていきます。もしかしたら，微分あたりから「数学が苦手になった！」という記憶がある方も多いかもしれません。しかし，微分は人工知能で頻繁に使われます。その理由はこの CHAPTER で徐々に明らかになるので，苦手な人もゆっくり読み進めていきましょう。

さて，まずは次の $f(x)$ の式 (2.1.1) と図 2.1.1 について考えてみましょう。

$$f(x) = \frac{x^2 - 1}{x - 1} \quad \cdots (2.1.1)$$

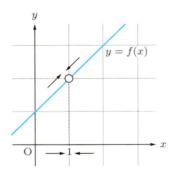

図 2.1.1　$y = f(x)$ のグラフ

$f(x)$ は $x = 1$ のとき，$\dfrac{0}{0}$ となってしまうので，その値を決定することができません。0 という数字で割り算ができないのは，重要な数学のルールの一つです。

しかし，$x \neq 1$ のときは関数 $f(x)$ の値が定まります。そのため，変数 x の

値を $1.1, 1.01, 1.001, \cdots$ あるいは $0.9, 0.99, 0.999, \cdots$ と 1 に限りなく近づけることができます。このとき，関数 $f(x)$ の値は，$2.1, 2.01, 2.001, \cdots$ あるいは $1.9, 1.99, 1.999, \cdots$ と 2 に限りなく近づいていきます。

このように**変数 x の値をある一定値 a に限りなく近づけるとき，関数 $f(x)$ の値がある一定値 α に限りなく近づく**ことを収束といいます。これを式 (2.1.2)，あるいは，簡略化して式 (2.1.3) のように表記します。また，この α を関数 $f(x)$ の $x \to a$ における極限値（limit; limiting value）といいます。

$$\lim_{x \to a} f(x) = \alpha \quad \cdots (2.1.2)$$

$$f(x) \to \alpha \,(x \to a) \quad \cdots (2.1.3)$$

これらより，式 (2.1.1) は以下のように $\lim$ という記号を使って計算できます。

$$\lim_{x \to 1} \frac{x^2 - 1}{x - 1} = \lim_{x \to 1} \frac{(x - 1)(x + 1)}{x - 1} = \lim_{x \to 1} (x + 1) = 2$$

演習問題

2-1 $\displaystyle\lim_{x \to 2} \frac{x^2 - x - 2}{x^3 - 8}$ を求めなさい。

....

解答・解説

分子 $x^2 - x - 2$ は $(x - 2)(x + 1)$ と因数分解[*1]でき，分母 $x^3 - 8$ は $(x - 2)(x^2 + 2x + 4)$ と因数分解できます。よって，$x \neq 2$ のとき $(x - 2)$ を分子・分母で約分できます。

$$\frac{x^2 - x - 2}{x^3 - 8} = \frac{(x - 2)(x + 1)}{(x - 2)(x^2 + 2x + 4)} = \frac{x + 1}{x^2 + 2x + 4} \quad (x \neq 2)$$

よって，次のように求まります。

$$\lim_{x \to 2} \frac{x^2 - x - 2}{x^3 - 8} = \lim_{x \to 2} \frac{x + 1}{x^2 + 2x + 4} = \frac{2 + 1}{2^2 + 2 \times 2 + 4} = \frac{3}{12} = \frac{1}{4} \quad \cdots (答)$$

[*1] 因数分解とは，多項式を一次式などの積の形で表すことです。例えば，$(x^2 - 4)$ を $(x - 2)(x + 2)$ と表したりします。

SECTION 2-2 微分基礎

押さえる ポイント

☑ 極限と微分の関係を説明できるようになる。
☑ 微分とは，ある瞬間の関数の傾きを求めることである。

さて，この SECTION から微分の基礎に触れていきます。まずは例題を考えてみましょう。

➔ 例題

石川さんが東京駅から箱根までの 85.6 km を車で移動したところ，1 時間半かかりました。このときの車の平均速度を求めなさい。

速度は単位時間当たりどれだけ進むのかを表しているので，移動距離を移動時間で割ればよいことになります。よって，求める速度 v は，

$$速度\ v = \frac{85.6\,[\mathrm{km}]}{1.5\,[時間]} \fallingdotseq 57.1\,[\mathrm{km}/時間] \quad \cdots (2.2.1)$$

と求まります。しかし，この速度で車が常に動いているかというと，そうではありません。信号で止まっていることもあれば，高速道路を走っているかもしれません。そのため，走行中の車のスピードメーターに表示される速度が時速 57.1 km であるわけではないことが分かります。1 時間半という長い時間で平均的な速度を求めたことで，各区間での加速・減速という情報が抜け落ちてしまったのです。

10 分で何 km 進んだのか，あるいは 1 分，1 秒，…と細かい区間ごとの速度を求めれば，走行中の車の速度を正しく反映させることができます。そこで，x を車の移動距離，t を車の移動時間，$x(t)$ を時間 t のときに車がいる位置とすると，速度 v を式 (2.2.2) で表されるように定義できます。

$$\text{速度 } v = \lim_{\Delta t \to 0} \frac{\Delta x}{\Delta t} = \lim_{\Delta t \to 0} \frac{x\,(t + \Delta t) - x(t)}{\Delta t} \quad \cdots (2.2.2)$$

　直感的に理解しにくいと感じた人も多いかもしれません。まずは，$\lim_{\Delta t \to 0} \dfrac{\Delta x}{\Delta t}$ を確認しましょう。Δ とは変化量を表す数学の記号です。Δx や Δt という記号が出ていますが，Δx は移動距離の変化，Δt は移動時間の変化を表しています。そして，極限を用いて，時間の変化 Δt を限りなく 0 に近づけたときの速度 v はどうなっているかを示しているのです。

　次に，$\lim_{\Delta t \to 0} \dfrac{x\,(t + \Delta t) - x(t)}{\Delta t}$ を確認します。これは，Δx を $x\,(t + \Delta t) - x(t)$ に置換したものになります。$x(t)$ とは，時間 t のときに車がいる位置でした。そうなると，$x\,(t + \Delta t)$ とは，時間 $t + \Delta t$ のときに車がいる位置になりますね。この関係性を図解すると，図 2.2.1 のようになります。

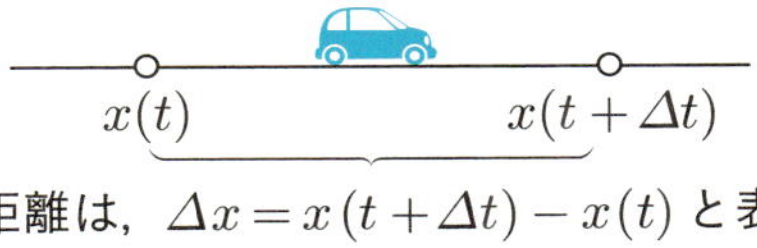

この間の距離は，$\Delta x = x\,(t + \Delta t) - x(t)$ と表せます。

図 2.2.1　移動時間 Δt における車の移動距離 Δx

　このときの式 (2.2.2) の計算を微分といいます。すなわち，Δt（移動時間の変化量）を極限まで 0 に近づけたときの，Δx（移動距離の変化量）を求めることを微分というのです。変化量が極めて小さいことを，Δ のかわりに d を用いて，dt や dx で表し，$\dfrac{\mathrm{d}x(t)}{\mathrm{d}t}$ という式で微分を表します。これは，t が微小変化するとき，x はどれだけ変化するのか，つまり分子の x を分母の「t」という変数で微分することを示しています。

$$\text{速度 } v = \frac{\mathrm{d}x(t)}{\mathrm{d}t} = \lim_{\Delta t \to 0} \frac{\Delta x}{\Delta t} = \lim_{\Delta t \to 0} \frac{x\,(t + \Delta t) - x(t)}{\Delta t} \quad \cdots (2.2.3)$$

　さて，ここで扱った速度の概念を一般の関数に広げ，微分を定義してみましょう。そのためにまず，関数 $f(x)$ 上の 2 点 $(a, f(a))$，$(b, f(b))$[*2] を通る直線 $y = \alpha x + \beta$ を求めます。

[*2]　$a \neq b$ とします。

2-2　微分基礎　053

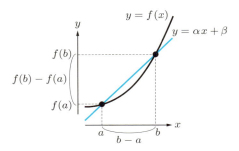

図 2.2.2 2点を通る直線

2点の座標を直線の式に代入すると次の連立方程式が得られます。

$$\begin{cases} f(a) = \alpha a + \beta & \cdots (2.2.4) \\ f(b) = \alpha b + \beta & \cdots (2.2.5) \end{cases}$$

式 (2.2.5) − 式 (2.2.4) より，

$$f(b) - f(a) = \alpha(b - a) \quad \cdots (2.2.6)$$

となり，$b - a \, (\neq 0)$ で両辺を割ると，直線の傾き α

$$\alpha = \frac{f(b) - f(a)}{b - a} \quad \cdots (2.2.7)$$

が求められます。このとき，β は式 (2.2.4) に式 (2.2.7) で求めた傾き α を代入すると計算できます。

$$\beta = f(a) - \alpha a = f(a) - \frac{f(b) - f(a)}{b - a} a \quad \cdots (2.2.8)$$

ところで，式 (2.2.7) で求めた直線の傾き α は，**2 点間の平均の傾き**といえます。では，車の瞬間の速度を考えたのと同様に，関数 $f(x)$ で点 $(a, f(a))$ での傾きを求めたいときはどうすればよいでしょうか？

このとき，点 $(b, f(b))$ を点 $(a, f(a))$ に一致させた場合，$b - a = 0$ となり，値を求めることができません。そこで，関数 $f(x)$ の点 $(a, f(a))$ での傾き $\alpha = \dfrac{\mathrm{d}f(a)}{\mathrm{d}x}$ は，極限を用いて式 (2.2.9) のように定義します。つまり，任意の関数があったとき，**ある地点の瞬間の関数の傾きを求めること**を微分するというのです。

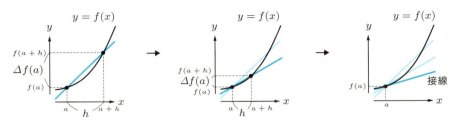

図 2.2.3 2点の間隔を狭くする極限と接線

$$\frac{\mathrm{d}f(a)}{\mathrm{d}x} = \lim_{\Delta x \to 0} \frac{\Delta f(a)}{\Delta x} = \lim_{h \to 0} \frac{f(a+h) - f(a)}{(a+h) - a}$$
$$= \lim_{h \to 0} \frac{f(a+h) - f(a)}{h} \quad \cdots (2.2.9)$$

これでようやく，点 $(a, f(a))$ で $y = f(x)$ に接する直線 $y = \alpha x + \beta$ が求められます。この直線を接線といいます。このときの α を $x = a$ における微分係数と呼びます。

$$y = \frac{\mathrm{d}f(a)}{\mathrm{d}x} x + \left(f(a) - \frac{\mathrm{d}f(a)}{\mathrm{d}x} a \right) = \frac{\mathrm{d}f(a)}{\mathrm{d}x}(x - a) + f(a) \quad \cdots (2.2.10)$$

式 (2.2.10) の定数 a は変数 x の1つの値です。この a にどんな x を代入しても $\frac{\mathrm{d}f(a)}{\mathrm{d}x}$ の値が求まるとき，$\frac{\mathrm{d}f(a)}{\mathrm{d}x}$ は x の関数とみなせます。この関数を $\frac{\mathrm{d}f(x)}{\mathrm{d}x}$ と書き，導関数[*3]と呼びます。

《公式》

$$\frac{\mathrm{d}f(x)}{\mathrm{d}x} = \lim_{\Delta x \to 0} \frac{\Delta f(x)}{\Delta x} = \lim_{h \to 0} \frac{f(x+h) - f(x)}{h}$$

関数 $f(x)$ の微分 $\frac{\mathrm{d}f(x)}{\mathrm{d}x}$ を簡略化して，$f'(x)$ などと表現することがあります。この公式は，**変数 x が $\mathrm{d}x$ という微小量だけ変化したときに，関数 $f(x)$ がどれだけ変化（$\mathrm{d}f(x)$）するのか**，という瞬間の変化の割合を表しています。

なお，微分を1回行う場合を1階微分，微分した式をさらに同様に微分し，微分を合計2回行う場合を2階微分と呼びます。関数 $f(x)$ を x で2階微分した場合，$\frac{\mathrm{d}^2 f(x)}{\mathrm{d}x^2}$ や $f''(x)$ と表現されます。

[*3] 導関数という名前は「関数から導かれた関数」に由来しています。

● 人工知能ではこう使われる！

・人工知能では，関数の値がどの地点で最小値を取るのか調べることが多いです。

・例えば，損失関数とは，正解値と予測値の誤差を表す関数ですが，この関数を最小化するような値を求める方法を考えます。

・このとき，損失関数を微分すると，ある瞬間に損失関数がどちらにどれくらい傾いているのか知ることができます。

・傾きの絶対値の大きさを小さくする方向に徐々にずらし，損失関数の最小値を求める手法を**勾配降下法**と呼び，ディープラーニング（CHAPTER 7 を参照）で重要な役割を果たす手法の一つになります。

演習問題

2-2 次の問にそれぞれ答えなさい。

❶ 微分の定義に従って，$f(x) = x^2$ を微分しなさい。

❷ $y = x^2$ 上の点 $(3, 9)$ における接線の方程式を求めなさい。

解答・解説

❶ 定義式に $f(x) = x^2$ を代入します。

$$\frac{\mathrm{d}f(x)}{\mathrm{d}x} = \lim_{h \to 0} \frac{(x+h)^2 - x^2}{h} = \lim_{h \to 0} \frac{x^2 + 2xh + h^2 - x^2}{h} = \lim_{h \to 0} \frac{h(2x + h)}{h}$$
$$= \lim_{h \to 0} (2x + h) = \underline{2x} \quad \cdots \text{（答）}$$

❷ $f(x) = x^2$ の微分は，❶から $f'(x) = 2x$ です。そのため，$x = 3$ での $f'(x)$ の値は $f'(3) = 2 \times 3 = 6$ となるため，接線の傾きが分かり，$y = 6x + b$ という式で表せることが明らかになります。この式に $y = f(3) = 9$ を代入すると，$b = -9$ となることが分かるので，答えは以下の通りになります。

$\underline{y = 6x - 9} \quad \cdots \text{（答）}$

SECTION 2-3 常微分と偏微分

押さえる ポイント

☑ **常微分**と**偏微分**のさまざまな表現方法を理解する。

☑ **微分方法を理解し，計算できるようになる。**

さて，前の SECTION で，微分とは**関数の一瞬の変化の割合（傾き）を示すも**のだと確認しました。微分を計算するのに，演習問題 **2-2** の **1** で行った極限を計算するのは非常に煩雑です。そこで，実際の計算では，次の公式を用いて微分した式を求めましょう。

《公式》

① $y = x^r$ ならば，$\dfrac{dy}{dx} = rx^{r-1}$（$r$ は任意の実数）

② $\dfrac{d}{dx}\{f(x) + g(x)\} = \dfrac{df(x)}{dx} + \dfrac{dg(x)}{dx}$

③ $\dfrac{d}{dx}\{kf(x)\} = k\dfrac{df(x)}{dx}$

ここまでは変数が 1 つのみ，つまり x のみの場合の微分について取り扱いました。こうした微分を**常微分**と呼びます。では，$z = f(x, y) = 3x^2 + 2xy + 2y^2$ のように変数が 2 つ以上出てくる場合はどのように扱うべきでしょうか？ 2-2 で確認した手法と同様に，変数 x, y が $\Delta x, \Delta y$ 変化したとき，z の変化量 Δz を考えます。

$$\begin{aligned}\Delta z &= f(x + \Delta x, y + \Delta y) - f(x, y)\\&= 3(x + \Delta x)^2 + 2(x + \Delta x)(y + \Delta y) + 2(y + \Delta y)^2 - (3x^2 + 2xy + 2y^2)\\&= (6x + 2y)\Delta x + (2x + 4y)\Delta y + 3\Delta x^2 + 2\Delta x\Delta y + 2\Delta y^2 \quad \cdots (2.3.1)\end{aligned}$$

2-3 常微分と偏微分 057

その上で，極限 $\Delta x, \Delta y \to 0$ を考えると関数 $f(x,y)$ の微分（**全微分**[*4]）が求まります。しかし，動点 $(x+\Delta x, y+\Delta y)$ が定点 (x,y) に近づく方法は図 2.3.1 に示すようにさまざまな方法が考えられます。

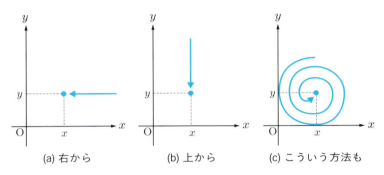

図 2.3.1　定点 (x,y) への近づき方

図 2.3.1 (a) のように，y を定数とみなして，つまり $\Delta y = 0$ として x を変化させると，式 (2.3.2) のように極限 $\Delta x \to 0$ を考えることができます。この操作を x について**偏微分**したと言います。

$$\frac{\partial f(x,y)}{\partial x} = \lim_{\Delta x \to 0} \frac{\Delta z}{\Delta x} = \lim_{\Delta x \to 0} 6x + 2y + 3\Delta x = 6x + 2y \quad \cdots (2.3.2)$$

同様に，x を定数とみなして y で微分することにより，y についての偏微分が求まります。

$$\frac{\partial f(x,y)}{\partial y} = 2x + 4y \quad \cdots (2.3.3)$$

$\frac{\partial f(x,y)}{\partial x}$ や $\frac{\partial f(x,y)}{\partial y}$ を $f_x(x,y)$ や $f_y(x,y)$ のように添字を用いて簡略化した表記をすることもあります[*5]。

人工知能ではこう使われる！

- 人工知能に関する書籍や論文では，$\frac{dy}{dx}$ や $\frac{\partial f(x,y)}{\partial x}$ といった，「d」や「∂」

[*4] 変数 x, y が dx, dy だけ微小変化したとき，z の変化量 dz を $dz = \frac{\partial f(x,y)}{\partial x}dx + \frac{\partial f(x,y)}{\partial y}dy$ と表し，これを全微分といいます。

[*5] ∂ は「デル」と読みます。

を用いて微分が表現されることが多いです。

・「d」も「∂」も分母に書かれた変数で分子に書かれたものを微分してあるということを押さえておけばよいでしょう。

演習問題

2-3 次の問にそれぞれ答えなさい。

❶ 以下の式を x について微分しなさい。

$$f(x) = ax^2 + bx + c$$

❷ 以下の式を x について，および y について偏微分しなさい。

$$f(x, y) = 3x^2 + 5xy + 3y^3$$

....

解答・解説

❶ $f(x) = ax^2 + bx + c$

$$\frac{\mathrm{d}f(x)}{\mathrm{d}x} = 2ax + b \quad \cdots（答）$$

> a, b, c は定数と見なして微分します。

> 左辺は $f'(x)$ という表現でも OK！

❷ $f(x, y) = 3x^2 + 5xy + 3y^3$

x で偏微分すると，

$$\frac{\partial f(x, y)}{\partial x} = 6x + 5y \quad \cdots（答）$$

> y は定数と見なして微分します。

> 偏微分の場合は ∂ を使うので注意しましょう。

y で偏微分すると，

$$\frac{\partial f(x, y)}{\partial y} = 5x + 9y^2 \quad \cdots（答）$$

> x は定数と見なして微分します。

2-3 常微分と偏微分

SECTION 2-4 グラフの描写

> **押さえるポイント**
> ☑ 増減表とグラフの作成ができるようになる。

　関数を数式だけで直感的に理解するのは難しいため，関数をグラフ化することが必要です。今回も例題を使って，関数をグラフ化する方法を考えてみましょう。

● 例題

　エレベーターで「1階 → 5階 → 3階 → 4階 → 2階 → 1階」と移動するとき，時刻 t に対するエレベーターの位置 x・速度 v・加速度 α を表してみましょう。

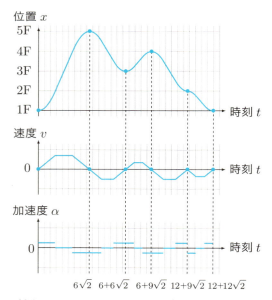

図 2.4.1　時刻 t に対するエレベーターの位置 x（上），速度 v（中），加速度 α（下）

さて，速度とは，エレベーターの動く速さのことです。この場合は，上昇しているときを正の速度，下降しているときを負の速度として表しています。加速度とは，エレベーターの速度が変化する割合のことを表しています。この場合は，上に向かって加速しているときを正の加速度，下に向かって加速しているときを負の加速度としています。

　ここで，速度 $v = \dfrac{dx}{dt}$ は位置 x を時刻 t で微分したもので，加速度 $\alpha = \dfrac{dv}{dt}$ は速度 v を時刻 t で微分したものです。加速度 α は，位置 x を時刻 t で 2 階微分したものともいえます。これを，$\alpha = \dfrac{d^2x}{dt^2}$ と表します。

　位置 x の図（図 2.4.1 上），速度 v の図（図 2.4.1 中）の丸 ● はエレベーターが一瞬停止する時刻 t を表しています。まず，位置 x の図（図 2.4.1 上）に注目してください。5 階，3 階，4 階でエレベーターが一瞬停止するとき，グラフの形は ⌒ の形あるいは ⌣ の形をしています。**⌒ の形の頂点は，その前後で一番大きな値を表しており，極大値**といいます。逆に，**⌣ の形の頂点は，その前後で一番小さな値を表しており，極小値**といいます。別の言い方をすると，**極大・極小はその点の前後で微分値の正負が入れ替わる点**を指します。次に，速度 v の図（図 2.4.1 中）に注目してください。**位置 x が極大値・極小値をとるとき，速度 v のグラフは時間軸と交差して $v = 0$ となります**。2 階にエレベーターが停止するときもやはり $v = 0$ となります。しかし，グラフの形は ⌒ の形や ⌣ の形をしていないので，極大値・極小値ではありません。

　グラフの概形をかくにあたって，次の 2 点が重要となります。

　1. 関数の値が増加しているのか，あるいは減少しているのか

　2. その増加・減少の仕方が ⌒ の形か ⌣ の形なのか

これらの特徴を表にまとめたものを**増減表**といいます。表 2.4.1 の増減表は，エレベーターが 1 階をスタートし，3 階を通過する直後までを書き表しています。

表 2.4.1　エレベーターの増減表

時刻 t	0	$\cdots$	$2\sqrt{2}$	$\cdots$	$4\sqrt{2}$	$\cdots$	$6\sqrt{2}$	$\cdots$	$2+6\sqrt{2}$	$\cdots$	$4+6\sqrt{2}$	$\cdots$	$6+6\sqrt{2}$	$\cdots$
速度 $v = \dfrac{dx}{dt}$	0		+		+		0		−		−		0	+
加速度 $\alpha = \dfrac{d^2x}{dt^2}$		+		0		−		−		0		+		
位置 x	1F	↗	2F	↗	4F	⤴	5F（極大）	↘	4.5F	↘	3.5F	↘	3F（極小）	↗

2-4　グラフの描写　　061

増減表は次の手順で作成します。まず，**関数 $x(t)$ の 1 階微分 $\dfrac{\mathrm{d}x}{\mathrm{d}t}$ が取る値，2 階微分 $\dfrac{\mathrm{d}^2x}{\mathrm{d}t^2}$ が取る値を 0，正，負で分類してまとめます**（表 2.4.1 の 2 行目・3 行目）[*6]。そして，**分類した範囲の両端での変数 t の値を 1 行目に書き込みます。1 行目の t の値に対応する $x(t)$ の値を 4 行目に書き込み**ます。最後に，**4 行目の数値の間のマスに増加・減少を表す矢印を書き込み**ます。**矢印を書くマスの真上の $\dfrac{\mathrm{d}x}{\mathrm{d}t}, \dfrac{\mathrm{d}^2x}{\mathrm{d}t^2}$ の符号を確認して，次の表に従って矢印を書き込み**ます。

表 2.4.2　$\frac{\mathrm{d}x}{\mathrm{d}t}, \frac{\mathrm{d}^2x}{\mathrm{d}t^2}$ の符号と矢印の分類

$\dfrac{\mathrm{d}x}{\mathrm{d}t}$	$\dfrac{\mathrm{d}^2x}{\mathrm{d}t^2}$	矢印	意味
0		→	x は一定 $\left(\dfrac{\mathrm{d}x}{\mathrm{d}t}=0\right)$
+	+	↗	x は増加 $\left(\dfrac{\mathrm{d}x}{\mathrm{d}t}>0\right)$ し，増加率が増加 $\left(\dfrac{\mathrm{d}^2x}{\mathrm{d}t^2}>0\right)$
+	0	↗	x は増加 $\left(\dfrac{\mathrm{d}x}{\mathrm{d}t}>0\right)$ し，増加率は一定 $\left(\dfrac{\mathrm{d}^2x}{\mathrm{d}t^2}=0\right)$
+	−	↗	x は増加 $\left(\dfrac{\mathrm{d}x}{\mathrm{d}t}>0\right)$ し，増加率が減少 $\left(\dfrac{\mathrm{d}^2x}{\mathrm{d}t^2}<0\right)$
−	+	↘	x は減少 $\left(\dfrac{\mathrm{d}x}{\mathrm{d}t}<0\right)$ し，減少率が減少 $\left(-\dfrac{\mathrm{d}^2x}{\mathrm{d}t^2}<0\right)$
−	0	↘	x は減少 $\left(\dfrac{\mathrm{d}x}{\mathrm{d}t}<0\right)$ し，減少率は一定 $\left(-\dfrac{\mathrm{d}^2x}{\mathrm{d}t^2}=0\right)$
−	−	↘	x は減少 $\left(\dfrac{\mathrm{d}x}{\mathrm{d}t}<0\right)$ し，減少率が増加 $\left(-\dfrac{\mathrm{d}^2x}{\mathrm{d}t^2}>0\right)$

　増減表ができてしまえば，グラフをかくのは簡単です。まず，表 2.4.1 の増減表の 1 行目（t）・4 行目（x）の数値の組に対応する点をグラフに書き込みます。4 行目の矢印の形に合わせて点を結べば完成です。

　なお，極大値と極小値を合わせて極値といい，極値では，増減表中の増加，減少を示す矢印の向き（右上がりか右下がりか）が変化します。

[*6] 表 2.4.1 の増減表では，$t=2\sqrt{2}$ のときなどの加速度 α のマスは斜線になっています。これは，図 2.4.1 の加速度のグラフを見ると，$t=2\sqrt{2}$ の前後で段差ができており，$t \to 2\sqrt{2}$ のときの加速度 α が定義できないためです。

演習問題

2-4 次の関数 $f(x)$ で，増減表を作り，グラフをかきなさい。
$$f(x) = x^3 - 3x^2 + 4$$

解答・解説

関数 $f(x)$ を微分して $f'(x)$，$f'(x)$ をさらに微分して $f''(x)$ を求めます。

$$f'(x) = 3x^2 - 6x = 3x(x-2), \quad f''(x) = 6x - 6 = 6(x-1)$$

方程式 $f'(x) = 0$ を解くと，解は $x = 0, 2$ です。方程式 $f''(x) = 0$ を解くと，解は $x = 1$ です。x がこれらの値を取るときの $f(x)$ の値は，$f(0) = 4$, $f(1) = 2$, $f(2) = 0$ となります。ゆえに，増減表は次のようになります。

x	$\cdots$	0	$\cdots$	1	$\cdots$	2	$\cdots$
$\dfrac{\mathrm{d}f(x)}{\mathrm{d}x}$	+	0	−		−	0	+
$\dfrac{\mathrm{d}^2 f(x)}{\mathrm{d}x^2}$		−		0		+	
$f(x)$	↗	4 (極大)	↘	2 (変曲点)*7	↘	0 (極小)	↗

グラフに 3 点 $(0, 4), (1, 2), (2, 0)$ を描き込みます（下左図）。増減表の矢印（↗ ↘ ↘ ↗）に合わせて，各点を曲線（⌒ ⌢ ⌢ ⌣）で結べばグラフの完成です。

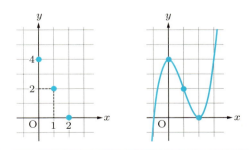

*7 変曲点とは，グラフ上で曲線の曲がる向きが変わる点のことを指します。その点は，関数を 2 階微分した値が 0 となる点で，その前後で 2 階微分した値の符号が変化する特徴があります。

SECTION 2-5 グラフの最大値・最小値

> **押さえる ポイント**
> - ☑ 関数の最大値・最小値の候補は，極値，範囲の両端のいずれかである。
> - ☑ 1階微分した値が0であるとき，極値を取り得る。

2次関数 $f(x) = x^2 - 2x + 5$ $(-3 \leqq x \leqq 10)$ を例として，最大値・最小値を求めてみましょう。一般に，ある**関数の最大値・最小値の候補は，極値，範囲の両端**です。極値は，グラフのU字形部の頂点では，頂点付近での最大値あるいは最小値となるからです。また，範囲の両端が極大値より大きい，極小値より小さい可能性もあるからです。それでは，範囲の両端（ここでは $-3, 10$）のときの値を書き加えた増減表を作成しましょう。$f'(x) = 2(x-1)$, $f''(x) = 2$ ですから，増減表[*8]は次のようになります。

表 2.5.1　関数 $f(x) = x^2 - 2x + 5$ $(-3 \leqq x \leqq 10)$ の増減表

x	-3	$\cdots$	1	$\cdots$	10
$\dfrac{\mathrm{d}f(x)}{\mathrm{d}x}$		$-$	0	$+$	
$\dfrac{\mathrm{d}^2 f(x)}{\mathrm{d}x^2}$			$+$		
$f(x)$	20	$\searrow$	4	$\nearrow$	85

ここで登場した3つの数字 $20, 4, 85$ を比較して，最大値が 85，最小値が 4 と求まります。

実用的には，**極値が最大値・最小値になることがほとんど**です。実際，5-4で登場する**最小2乗法**では，必ず極値が最小値になります。**極値は，1階微分 $f'(x)$ が0になる**ところであることを，押さえておきましょう。

[*8] $x = -3$ での左側極限，$x = 10$ での右側極限が定義できないので，本来は $x = -3, 10$ での $f'(x)$, $f''(x)$ の値は定義できません。しかし，ここでは読者が混乱しないように，実数の範囲での増減表から $-3 \leqq x \leqq 10$ の区間を切り出したものとして扱っています。

064

● 人工知能ではこう使われる！

- 最小2乗法は，誤差の2乗和が最小になるような関係式を求める方法であり，線形回帰と呼ばれる最も基本的な人工知能のアルゴリズムとして使われる最適化手法です。
- $f(a,b) = ($誤差の2乗和$)$ としたとき，$\dfrac{\partial f(a,b)}{\partial a} = 0$ かつ $\dfrac{\partial f(a,b)}{\partial b} = 0$ となるような方程式を解くことで，誤差の2乗和が最小になるような関係式を求めることができます。
- これは，2次関数を1階微分した関数の値が0のとき，極値（最小2乗法の場合は，必ず最小値）を取るという特性を使っているのです。

演習問題

2-5 次の関数の最大値・最小値を求めなさい。

$$g(x) = x^3 - 3x^2 + 4 \quad (-0.5 \leqq x \leqq 2.5)$$

解答・解説

$g'(x) = 3x^2 - 6x = 3x(x-2)$, $g''(x) = 6x - 6 = 6(x-1)$ より，増減表は次のようになります。

x	-0.5	$\cdots$	0	$\cdots$	1	$\cdots$	2	$\cdots$	2.5
$\dfrac{\mathrm{d}g(x)}{\mathrm{d}x}$		$+$	0		$-$		0		$+$
$\dfrac{\mathrm{d}^2 g(x)}{\mathrm{d}x^2}$		$-$			0		$+$		
$g(x)$	3.125	$\nearrow$	4 （極大）	$\searrow$	2 （変曲点）	$\searrow$	0 （極小）	$\nearrow$	0.875

ここで登場した5つの数字 $3.125, 4, 2, 0, 0.875$ を比較して，最大値が 4，最小値が 0 と求まります。ところで，$g''(x) = 0$ となる変曲点 $(1, 2)$ は2つの極値 $(0, 4), (2, 0)$ の間にあり，最大値・最小値の候補になり得ません。そのため，最大値・最小値を調べるには，2階微分 $g''(x)$ の列を省略した増減表で十分です。

x	-0.5	$\cdots$	0	$\cdots$	2	$\cdots$	2.5
$\dfrac{\mathrm{d}g(x)}{\mathrm{d}x}$		$+$	0	$-$	0		$+$
$g(x)$	3.125	$\nearrow$	4 （極大）	$\searrow$	0 （極小）	$\nearrow$	0.875

SECTION 2-6 初等関数・合成関数の 微分法・積の微分法

押さえる ポイント

- ☑ さまざまな関数の微分法を理解し，計算できる ようになる。
- ☑ 合成関数の微分法を学び，チェーンルールを理解し，計算できるようになる。
- ☑ 積の微分法を理解し，計算できるようになる。

これまで取り扱った関数 x^r（これを「べき関数」と呼ぶときがあります）や，CHAPTER 1 で登場した関数（指数関数，対数関数，三角関数）のことをまとめて初等関数といいます。初等関数の四則演算や合成で表現できる関数は，公式を組み合わせるだけで必ず微分できます。初等関数の微分の公式を次に示します。

表 2.6.1　初等関数の微分の公式

元の関数			左の関数を x で微分したもの
べき関数		x^r	rx^{r-1}
指数関数		$e^x, \exp(x)$	$e^x, \exp(x)$
		a^x	$a^x \log_e a$
対数関数		$\log_e x \ (x > 0)$	$\dfrac{1}{x}$
三角関数	正弦関数	$\sin x$	$\cos x$
	余弦関数	$\cos x$	$-\sin x$
	正接関数	$\tan x$	$\dfrac{1}{\cos^2 x}$

指数関数 $\exp(x)$（1-7 参照）には，微分しても関数の形が変化しないという便利な性質があります。また，対数関数 $\log_e x$（1-6 参照）は微分すると分数関数 $\dfrac{1}{x}$ になります。こうした性質があるので，この関数はシグモイド関数（1-8 参照）

を始めとして，各所で利用されるのです。

三角関数の $\sin x$ と $\cos x$ の微分には，cosine の接頭辞「co-」が表すように相補的（complementary）な関係があります。図 2.6.1 に示すように，微分したとき $\sin x$ と $\cos x$ が入れ替わります。注意すべきことは，$\cos x$ を微分したときマイナス（−）が付くことです。4 階微分すると元に戻ります。

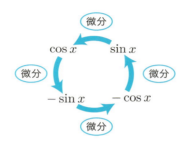

図 2.6.1　三角関数の微分の関係

さて，人工知能では複雑な関数が登場します。こうした複雑な関数の微分の計算を行うための公式があるので，確認してみましょう。

《公式》

合成関数（1 変数）$y = f(x)$ の微分法

$$\frac{dy}{dx} = \frac{dy}{du} \cdot \frac{du}{dx} \quad \cdots (2.6.1)$$

合成関数（多変数）$z = f(x, y)$ の微分法

$$\frac{\partial z}{\partial x} = \frac{\partial z}{\partial u} \cdot \frac{\partial u}{\partial x} + \frac{\partial z}{\partial v} \cdot \frac{\partial v}{\partial x} \quad \cdots (2.6.2)$$

積の微分法

$$\frac{d}{dx}\{f(x)g(x)\} = \frac{df(x)}{dx}g(x) + f(x)\frac{dg(x)}{dx} \quad \cdots (2.6.3)$$

さて，微分の公式が一度に 3 つも出てきました。式 (2.6.1) は，別名**合成関数の微分のチェーンルール**と呼ばれています。

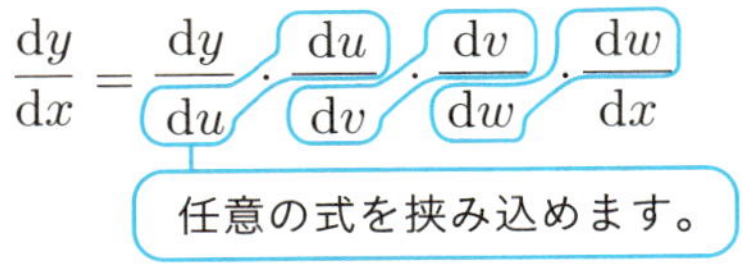

$$\frac{\mathrm{d}y}{\mathrm{d}x} = \frac{\mathrm{d}y}{\mathrm{d}u} \cdot \frac{\mathrm{d}u}{\mathrm{d}v} \cdot \frac{\mathrm{d}v}{\mathrm{d}w} \cdot \frac{\mathrm{d}w}{\mathrm{d}x}$$

任意の式を挟み込めます。

図 2.6.2　合成関数の微分のチェーンルール

このように，チェーンルールを使えば，複数個の任意の式を挟み込んで計算することができます。例題を見てみましょう。

➡ 例題

関数 $f(x) = (3x - 4)^{50}$ を x で微分しなさい。

このとき，$u = 3x - 4$ と置くと，チェーンルールを使って，

$$\frac{\mathrm{d}f(x)}{\mathrm{d}x} = \frac{\mathrm{d}f(x)}{\mathrm{d}u} \cdot \frac{\mathrm{d}u}{\mathrm{d}x}$$

と表すことができ，

$$\frac{\mathrm{d}f(x)}{\mathrm{d}x} = \frac{\mathrm{d}u^{50}}{\mathrm{d}u} \cdot \frac{\mathrm{d}(3x-4)}{\mathrm{d}x} = 50u^{49} \cdot 3 = 150(3x-4)^{49}$$

このように楽に計算できます。なお，多変数の場合は少し挙動が違ってきます。

➡ 例題

関数 $f(x, y) = (3x + 1)^2 + (x + y + 1)^3$ を x で微分しなさい。

$u = 3x + 1$, $v = x + y + 1$ と置くと，$f(x, y) = u^2 + v^3$ となる。
チェーンルールを使って，

$$\frac{\partial f(x, y)}{\partial x} = \frac{\partial f(x, y)}{\partial u} \cdot \frac{\partial u}{\partial x} + \frac{\partial f(x, y)}{\partial v} \cdot \frac{\partial v}{\partial x}$$

と表すことができ，

$$\frac{\partial f(x,y)}{\partial x} = \frac{\partial u^2}{\partial u} \cdot \frac{\partial u}{\partial x} + \frac{\partial v^3}{\partial v} \cdot \frac{\partial v}{\partial x}$$

$$= 2u \cdot 3 + 3v^2 \cdot 1$$

$$= 6(3x+1) + 3(x+y+1)^2$$

$$= 3x^2 + (6y+24)x + 3y^2 + 6y + 9$$

このように計算することもできるのです。

最後に，式 (2.6.3) を使ってみましょう。

● 例題

$y = xe^x$ を x で微分しなさい。

このとき，$f(x) = x, g(x) = e^x$ と置くと，$y = f(x)g(x)$ と表すことができ，

$$\frac{\mathrm{d}y}{\mathrm{d}x} = \frac{\mathrm{d}f(x)}{\mathrm{d}x}g(x) + f(x)\frac{\mathrm{d}g(x)}{\mathrm{d}x}$$

$$= 1 \cdot e^x + x \cdot e^x$$

$$= (1+x)e^x$$

このように計算できます。

● 人工知能ではこう使われる！

・ニューラルネットワークで学習するとき，正解データとニューラルネットワークの出力が合うように，ニューラルネットワークの重み（w）を調整します。

・このとき，ニューラルネットワークの重みの調整量は，誤差の値を重みで偏微分した値を考慮したものになります。

・重みで偏微分した値を計算するために，このチェーンルールを使います。こうした手法を誤差逆伝播法といいます。

2-6　初等関数・合成関数の微分法・積の微分法　069

演習問題

2-6 次の関数を x で微分しなさい。

❶ $f(x) = \sin x + \cos x$

❷ $f(x) = \dfrac{1}{1 + \exp{(-ax)}}$

....

解答・解説

❶ 初等関数の微分の公式より，$\dfrac{\mathrm{d}f(x)}{\mathrm{d}x} = \underline{\cos x - \sin x}$　…（答）

❷ $f(x)$ を以下のように分解します。

$$f(x) = \frac{1}{1 + \exp{(-ax)}} \xrightarrow{\text{分解}} f(x) = \frac{1}{u} = u^{-1},\ u = 1 + \exp(v),\ v = -ax$$

このとき，チェーンルールより，$\dfrac{\mathrm{d}f(x)}{\mathrm{d}x} = \dfrac{\mathrm{d}f(x)}{\mathrm{d}u} \cdot \dfrac{\mathrm{d}u}{\mathrm{d}v} \cdot \dfrac{\mathrm{d}v}{\mathrm{d}x}$ となるので，

$$\frac{\mathrm{d}f(x)}{\mathrm{d}x} = \frac{\mathrm{d}u^{-1}}{\mathrm{d}u} \cdot \frac{\mathrm{d}\{1 + \exp(v)\}}{\mathrm{d}v} \cdot \frac{\mathrm{d}(-ax)}{\mathrm{d}x}$$

$$= -u^{-2} \cdot \exp(v) \cdot (-a) = \frac{a \cdot \exp(v)}{u^2}$$

$v,\ u$ に値を代入すると，

$$\frac{\mathrm{d}f(x)}{\mathrm{d}x} = \underline{\frac{a \cdot \exp(-ax)}{\{1 + \exp(-ax)\}^2}}　…（答）$$

実は，この微分 $\dfrac{\mathrm{d}f(x)}{\mathrm{d}x}$ は，次のような式変形をすることによって，この関数 $f(x)$ 自身を使って簡潔に表すことができます。

$$\frac{\mathrm{d}f(x)}{\mathrm{d}x} = \frac{a\exp{(-ax)} + a - a}{\{1 + \exp{(-ax)}\}^2} = \frac{a\{1 + \exp{(-ax)}\} - a}{\{1 + \exp{(-ax)}\}^2}$$

$$= \frac{a}{1 + \exp{(-ax)}}\left\{1 - \frac{1}{1 + \exp{(-ax)}}\right\}$$

$$= \underline{af(x)\{1 - f(x)\}}　…（別解）$$

SECTION 2-7 特殊な関数の微分

押さえる
ポイント

☑ **シグモイド関数**とその微分した式のグラフを押さえ，特徴を把握する。

☑ **ReLU 関数**とその微分した式のグラフを押さえ，特徴を把握する。

シグモイド関数（1-8 参照）は，人工知能で最も重要な関数の一つです。今回は，シグモイド関数の微分に関して触れてみましょう。

勘のいい方はすでにお気付きかもしれませんが，演習問題 **2-6** の ❷ で演習した問題は，実はシグモイド関数でした。再度シグモイド関数の微分を確認してみましょう。演習問題 ❷ では，$f(x)$ と置きましたが，シグモイド関数は $\varsigma_a(x)$ で定義されることも多いので，今回は $\varsigma_a(x)$ と置きます。

《公式》

$$\varsigma_a(x) = \frac{1}{1 + \exp(-ax)}$$

$$\frac{\mathrm{d}\varsigma_a(x)}{\mathrm{d}x} = \frac{a \cdot \exp(-ax)}{\{1 + \exp(-ax)\}^2} = a\varsigma_a(x)\{1 - \varsigma_a(x)\}$$

次に，シグモイド関数の 2 階微分 $\frac{\mathrm{d}^2\varsigma_a(x)}{\mathrm{d}x^2}$，つまり $\frac{\mathrm{d}\varsigma_a(x)}{\mathrm{d}x}$ を x で微分することを考えます。ここで，式 (2.6.3) の積の微分の公式を使い，**1 つの関数を選び微分して，その他の関数を掛け算します。選ぶ関数を順々に変えて足し合わせます。**

$$\frac{\mathrm{d}^2\varsigma_a(x)}{\mathrm{d}x^2} = \frac{\mathrm{d}\left[a\varsigma_a(x)\{1 - \varsigma_a(x)\}\right]}{\mathrm{d}x}$$

$$= a\frac{\mathrm{d}\varsigma_a(x)}{\mathrm{d}x}\{1 - \varsigma_a(x)\} + a\varsigma_a(x)\frac{\mathrm{d}\{1 - \varsigma_a(x)\}}{\mathrm{d}x}$$

> 1 個目の関数を微分

> 2 個目の関数を微分

2-7 特殊な関数の微分 071

$$= a\frac{\mathrm{d}\varsigma_a(x)}{\mathrm{d}x}\{1 - \varsigma_a(x)\} - a\varsigma_a(x)\frac{\mathrm{d}\varsigma_a(x)}{\mathrm{d}x} = a\frac{\mathrm{d}\varsigma_a(x)}{\mathrm{d}x}\{1 - 2\varsigma_a(x)\}$$
$$= a^2\varsigma_a(x)\{1 - \varsigma_a(x)\}\{1 - 2\varsigma_a(x)\} \cdots (2.7.1)$$

シグモイド関数 $\varsigma_a(x)$ の 1 階微分 $\frac{\mathrm{d}\varsigma_a(x)}{\mathrm{d}x}$, 2 階微分 $\frac{\mathrm{d}^2\varsigma_a(x)}{\mathrm{d}x^2}$ が求められました。増減表は表 2.7.1 のようになり，$a = 1$ のときのグラフは図 2.7.1 のようになります。なお，1-8 で学んだように $a = 1$ のときのシグモイド関数のことを，標準シグモイド関数と呼びます。

表 2.7.1　シグモイド関数 $\varsigma_a(x)$ の増減表 $(a > 0)$[*9]

x	$(-\infty)$	$\cdots$	0	$\cdots$	(∞)
$\frac{\mathrm{d}\varsigma_a(x)}{\mathrm{d}x}$		+	+	+	
$\frac{\mathrm{d}^2\varsigma_a(x)}{\mathrm{d}x^2}$		+	0	−	
$\varsigma_a(x)$	(0)	↗	$\frac{1}{2}$	↗	(1)

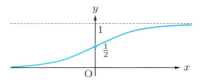

図 2.7.1　標準シグモイド関数 $\varsigma_1(x)$ のグラフ

さて，同様の手順で標準シグモイド関数を微分したときのグラフを図示してみます。

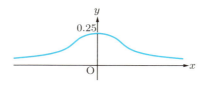

図 2.7.2　微分した標準シグモイド関数 $\frac{\mathrm{d}\varsigma_1(x)}{\mathrm{d}x}$ のグラフ

図 2.7.2 で明らかなように，微分した標準シグモイド関数の最大値は 0.25 であるのが，ポイントです。

シグモイド関数は活性化関数（1-8 参照）として使われ，ニューラルネットワークの表現力を高めるために利用されます。他にも，表現力を高める関数はいくつかあります。そのうちの ReLU 関数 $\varphi(x)$ を紹介します。

[*9] 増減表中の括弧内の数字は，$x \to \pm\infty$ での極限値を表しています。

《公式》

$$\varphi(x) = \max(0, x) = \begin{cases} x \ (x > 0) \\ 0 \ (x \leqq 0) \end{cases}$$

$$\varphi'(x) = \begin{cases} 1 \ (x > 0) \\ 0 \ (x \leqq 0) \end{cases}$$

ReLU 関数を図示して，どのようなグラフの概形を持つのか確認してみましょう。

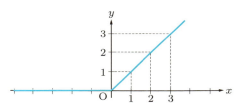

図 2.7.3　ReLU 関数 $\varphi(x)$ のグラフ

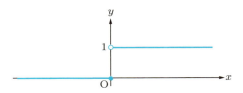

図 2.7.4　微分した ReLU 関数 $\varphi'(x)$ のグラフ

このように，ReLU 関数はシンプルな関数ですが，非線形関数なのでニューラルネットワークの表現力を高めることができます。さらに，微分された値は最大1であることに特徴があります。

> ## ◉ 人工知能ではこう使われる！
> ・ニューラルネットワークの重み（w）の調整量は，誤差の値を重みで偏微分した値が考慮されます。同様に，活性化関数も微分されます。

- しかし，標準シグモイド関数は微分したとき，微分値の最大が 0.25 になります。そのため，ニューラルネットワークの層が深いと，誤差逆伝播法で誤差が伝播しなくなってしまう問題があります。これを**勾配消失問題**といいます。
- その解決策として，微分値が 0 か 1 を取る ReLU 関数の利用が提唱されています。これにより，勾配消失問題が軽減されるため，現在のニューラルネットワークの活性化関数としては ReLU 関数が多く利用されています。

演習問題

2-7 正規分布の確率密度関数 $\varphi_{\mu,\sigma^2}(x) = \frac{1}{\sqrt{2\pi}\sigma} \exp\left(-\frac{(x-\mu)^2}{2\sigma^2}\right)$ を微分しなさい。

....

解答・解説

$u = -\frac{(x-\mu)^2}{2\sigma^2}$ と置くと，正規分布の確率密度関数 $\varphi_{\mu,\sigma^2}(x)$ は，2 つの関数 $\varphi_{\mu,\sigma^2}(x) = \varphi_{\mu,u}(x) = \frac{1}{\sqrt{2\pi}\sigma} \exp u,\ u = -\frac{(x-\mu)^2}{2\sigma^2}$ に分割できます。

$$\frac{\mathrm{d}\varphi_{\mu,\sigma^2}(x)}{\mathrm{d}x} = \frac{\mathrm{d}\varphi_{\mu,u}(x)}{\mathrm{d}u} \cdot \frac{\mathrm{d}u}{\mathrm{d}x} = \frac{1}{\sqrt{2\pi}\sigma} \exp u \times \left(-\frac{2(x-\mu)}{2\sigma^2}\right)$$

$$= -\frac{x-\mu}{\sqrt{2\pi}\sigma^3} \exp\left(-\frac{(x-\mu)^2}{2\sigma^2}\right) \quad \cdots \text{（答）}$$

慣れてくると，u を省略して次のように計算します。

$$\frac{\mathrm{d}\varphi_{\mu,\sigma^2}(x)}{\mathrm{d}x} = \underbrace{\frac{1}{\sqrt{2\pi}\sigma} \exp\left(-\frac{(x-\mu)^2}{2\sigma^2}\right)}_{} \times \underbrace{\left(-\frac{2(x-\mu)}{2\sigma^2}\right)}_{}$$

内側の関数の微分

外側の関数の微分

$$= -\frac{x-\mu}{\sqrt{2\pi}\sigma^3} \exp\left(-\frac{(x-\mu)^2}{2\sigma^2}\right)$$

3

>CHAPTER 3

線形代数

　線形代数は，ベクトル空間と線形変換を中心とした学問体系のことを指し，分野を問わず広く応用されています。その理由は，膨大なデータや複雑なシステムを簡明に表現でき，コンピュータで計算しやすいためです。当然，人工知能分野でも多数登場します。人工知能アルゴリズムの最適化に関する計算はコンピュータがしてくれるので，証明や煩雑な公式を一掃し，機械学習のための必要最小限の内容に絞り込みました。

　この CHAPTER では，高校数学の範囲を中心に，大学 1 年で学ぶ線形代数の内容を加えた形で，「ベクトル」「行列」「線形変換」の概念や表現方法を確認することを目的としています。

SECTION 3-1

ベクトルとは？

押さえる ポイント

☑ ベクトルの表記方法には，1文字で表す方法と成分を具体的に示す方法がある。

☑ ベクトルには，行ベクトル・列ベクトルの2種類がある。

これまでに，**変数**（1-1 参照）**とは，何らかのデータ1つを収めることができる箱**のようなものと確認しました。数学の分野では，**データを複数個収めることができるように，要素を1列に並べたもの**をベクトルと呼びます。プログラミングでも，要素を1列に並べたものをベクトル，あるいは配列と呼びます。

ベクトルの表記方法には，**1文字で表す方法**と，**具体的な成分（要素）を示す方法**があります。1文字で表す方法では，表 3.1.1 にまとめた表記法が用いられることもあります。また，成分を具体的に示す表記方法には，次の式 (3.1.1) のように，横に成分を並べるものと，縦に並べるものがあります。前者を行ベクトル，後者を列ベクトルと呼びます[*1]。

$$\boldsymbol{a} = (a_1, a_2, \cdots, a_n), \quad \boldsymbol{b} = \begin{pmatrix} b_1 \\ b_2 \\ \vdots \\ b_n \end{pmatrix} \quad \cdots (3.1.1)$$

表 3.1.1　1文字で表すベクトルの表記方法

書き方	例	用途
太字の小文字	$\boldsymbol{a}, \boldsymbol{b}, \cdots$	一般によく用いられる（本書でも使用）
文字の上に矢印を書く	$\vec{a}, \vec{b}, \cdots$	高校の教科書等ではこの表記法が用いられる
縦棒を書き足す	$\mathbb{a}, \mathbb{b}, \cdots$	手書きで書くときに使う

[*1]　ベクトルのみの計算（3-8 まで）では，行ベクトル・列ベクトルを同一視して扱うことができます。高校数学（数学 B）では，そのような立場で扱われています。この区別は，行列を導入して初めて分かります（3-9）。

SECTION 3-2 足し算・引き算・スカラー倍

押さえる ポイント

- ☑ ベクトルの対応する成分ごとに足し算・引き算を行う。
- ☑ **スカラー倍**はベクトルの全ての成分に同じ数を掛ける。
- ☑ 異なる次元のベクトル同士の足し算・引き算はできない。

ベクトルの**足し算は，対応する成分同士を足し合わせる**ことで計算します。行ベクトルでも，列ベクトルでも同様に計算します。ここでは列ベクトルでの計算例を示します。

$$\begin{pmatrix} 1 \\ 2 \\ 3 \end{pmatrix} + \begin{pmatrix} 4 \\ 5 \\ 6 \end{pmatrix} = \begin{pmatrix} 1+4 \\ 2+5 \\ 3+6 \end{pmatrix} = \begin{pmatrix} 5 \\ 7 \\ 9 \end{pmatrix} \quad \cdots (3.2.1)$$

ベクトルの成分の数を次元と呼びます。例えば，上の例に出てくる列ベクトルは 3 次元です。次の例に示すように，次元の異なるベクトルの足し算は，2 つ目のベクトルの 7 に対応する成分が 1 つ目のベクトルには存在しないので，計算できません。

$$\begin{pmatrix} 1 \\ 2 \\ 3 \end{pmatrix} + \begin{pmatrix} 4 \\ 5 \\ 6 \\ 7 \end{pmatrix} = 定義不能 \quad \cdots (3.2.2)$$

ベクトルの**引き算は，足し算と同様に，対応する成分同士で引き算**します。

$$\begin{pmatrix} 1 \\ 2 \\ 3 \end{pmatrix} - \begin{pmatrix} 4 \\ 5 \\ 6 \end{pmatrix} = \begin{pmatrix} 1-4 \\ 2-5 \\ 3-6 \end{pmatrix} = \begin{pmatrix} -3 \\ -3 \\ -3 \end{pmatrix} \quad \cdots (3.2.3)$$

3-2 足し算・引き算・スカラー倍 077

ベクトルには，足し算，引き算以外に**スカラー倍**という計算があります。スカラーとは，ベクトルに対して，定数・変数などの1次元の値のことを指します。**スカラー倍とは，全ての成分に同じ値を掛ける**操作のことをいいます。

$$2 \begin{pmatrix} 1 \\ 2 \\ 3 \end{pmatrix} = \begin{pmatrix} 2 \times 1 \\ 2 \times 2 \\ 2 \times 3 \end{pmatrix} = \begin{pmatrix} 2 \\ 4 \\ 6 \end{pmatrix} \quad \cdots (3.2.4)$$

❯ 人工知能ではこう使われる！

・コンピュータが言語を取り扱うために，単語をベクトル化する Word2Vec という概念があります。

・Word2Vec では，単語一つ一つを1列に並べたベクトルに変換します。

・ベクトルに変換すると，今回のように足し算・引き算を行うことができます。その結果，例えば「王様」－「男性」＋「女性」＝「女王」，や「東京」－「日本」＋「イギリス」＝「ロンドン」といった演算を行うことが可能になります。

COLUMN 単語のベクトル化とは？

「人工知能ではこう使われる！」で紹介した通り，Word2Vec とは単語をベクトルで表現する手法で，2013 年，Google より発表されました。発明した本人も驚いたと評されるほど，非常に効果的な手法で，さまざまな機械学習アルゴリズムと組み合わせて使われます。2016 年には facebook より fasttext という手法が提案されました。この手法は，Word2Vec の延長線上にある手法で，言語をベクトルで表現したものです。Web 上には，Wikipedia のデータを用いて学習した Word2Vec や fasttext の学習済みモデルなどが無料で公開されており，こうしたモデルを使うことで気軽に言葉のベクトル化やベクトル表現を用いた計算ができます。

SECTION 3-3 有向線分

> **押さえるポイント**
> ☑ ベクトルを有向線分（矢印）で視覚化すると，理解しやすくなる。

さて，式をグラフで表現すると直感的に分かりやすくなるように，ベクトルも図示すると分かりやすくなります。そこで，スカラー倍・足し算・引き算を図で考えてみましょう。ここで，**ベクトル $a = (4, 3)$ と「右に 4，上に 3 動くこと」を対応づけます**。次の図を見て分かるように，右斜め上に「5」動くという，向きと距離の 2 つの要素を表していることが分かります。図中の矢印のように，向きと距離を表す矢印を<u>有向線分</u>と呼びます。

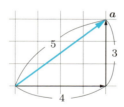

図 3.3.1　ベクトル $a = (4, 3)$ に対応する有向線分

次に，ベクトル $b = (2, 1)$ を，3, 2, 1, 0, −1 のスカラー倍することを考えます。$3b, 2b, b, 0, -b$ に対応する有向線分は次の図のようになります。

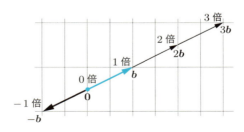

図 3.3.2　ベクトル $3b, 2b, b, 0, -b$ に対応する有向線分

3-3　有向線分　079

1 倍は元のベクトル b そのものです。$2b$, $3b$ は b と同じ向きを向いていますが，距離が 2 倍，3 倍となります。-1 倍は反対向きに同じ長さ移動しています。0 倍の**ベクトル 0**（ゼロベクトルといいます）はどの向きにも移動していないことを表しています。**スカラー倍は，矢印の方向を変えずに長さだけを変える計算**といえます。

　次に足し算について考えます。図 3.3.3 の左上の矢印 2 つが表すように，$a = (1, 2)$ **動いた後，さらに** $b = (3, 1)$ **だけ動くと，合計** $a + b = (4, 3)$ **動いた**ことになります。あるいは，図中の a, b が作る**平行四辺形の対角線が** $a + b$ **である**という見方もできます。

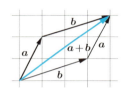

図 3.3.3　ベクトル $a, b, a + b$ に対応する有向線分

　最後に引き算について考えてみます。図 3.3.4 の左側の三角形が表すように，$a = (1, 2)$ **動いた後，さらに** $-b = (-3, -1)$ **だけ動くと，合計** $a - b = (-2, 1)$ **動いた**ことになります。あるいは，a, b の始点を一致させて，**b の先端から a の先端に引いた矢印が** $a - b$ であるという見方もできます。

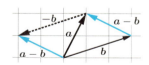

図 3.3.4　ベクトル $a, b, -b, a - b$ に対応する有向線分

　ここでは平面（2 次元）について考えましたが，3 次元以上でも同様に考えることができます。矢印を用いた考え方は，ベクトルの概念的な理解に役立ちます。

SECTION 3-4 内積

> **押さえるポイント**
>
> ☑ 対応する成分同士を掛け算し，それら全ての和を取る。
> ☑ ベクトルとベクトルの**内積**は数（スカラー）になる。
> ☑ 異なる次元のベクトル同士では計算できない。

内積の計算では，ベクトルの対応する成分同士を掛け算し，それら全ての和を取ります。内積の記号には，$\langle a, b \rangle$ が用いられることが多いのですが，高校の教科書などでは $a \cdot b$ の記号が用いられます。内積の計算で注意することは，**ベクトルとベクトルの内積は数（スカラー）になること，異なる次元のベクトル同士では計算が定義できない**ということです。

《公式》

$$a = \begin{pmatrix} a_1 \\ a_2 \\ \vdots \\ a_n \end{pmatrix}, \ b = \begin{pmatrix} b_1 \\ b_2 \\ \vdots \\ b_n \end{pmatrix} \text{ のとき}$$

$$\langle a, b \rangle = a_1 b_1 + a_2 b_2 + \cdots + a_n b_n = \sum_{i=1}^{n} a_i b_i$$

例題を通じて実際に計算してみましょう。

● 例題

$a = \begin{pmatrix} 1 \\ 2 \\ 3 \end{pmatrix}, \ b = \begin{pmatrix} 4 \\ 5 \\ 6 \end{pmatrix}$ のとき，$\langle a, b \rangle$ を求めなさい。

内積 $\langle \boldsymbol{a}, \boldsymbol{b} \rangle$ は次のようにして求めることができます。

$$\langle \boldsymbol{a}, \boldsymbol{b} \rangle = 1 \times 4 + 2 \times 5 + 3 \times 6 = 4 + 10 + 18 = 32 \quad \cdots (3.4.1)$$

内積の定義には，図形的特徴を用いた定義もあります。

> 《公式》
> ベクトル $\boldsymbol{a}, \boldsymbol{b}$ の成す角が θ とき，$\langle \boldsymbol{a}, \boldsymbol{b} \rangle = \|\boldsymbol{a}\| \|\boldsymbol{b}\| \cos \theta$

ここで，成す角 θ とは，2 つのベクトル $\boldsymbol{a}, \boldsymbol{b}$ の始点を一致させたときにできる角度のことをいいます。$\|\boldsymbol{a}\|$ はベクトル $\boldsymbol{a}$ の長さ（ユークリッド距離）を表しています（1-10, 3-7 参照）。

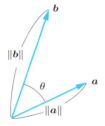

図 3.4.1　ベクトル a, b と成す角 θ

図 3.4.1 中に示した $\boldsymbol{a}, \boldsymbol{b}$ は，それぞれ $\boldsymbol{a} = (2, 1)$，$\boldsymbol{b} = (1, 3)$ で，成す角 θ は $\theta = 45°$ です。最初の定義式で計算すると次のようになります。

$$\langle \boldsymbol{a}, \boldsymbol{b} \rangle = 2 \times 1 + 1 \times 3 = 2 + 3 = 5 \quad \cdots (3.4.2)$$

$\|\boldsymbol{a}\| = \sqrt{2^2 + 1^2} = \sqrt{5}$，$\|\boldsymbol{b}\| = \sqrt{1^2 + 3^2} = \sqrt{10}$ なので，2 つ目の定義式で計算すると次のようになり，計算結果が一致します。

$$\langle \boldsymbol{a}, \boldsymbol{b} \rangle = \|\boldsymbol{a}\| \|\boldsymbol{b}\| \cos 45° = \sqrt{5} \times \sqrt{10} \times \frac{\sqrt{2}}{2} = 5 \quad \cdots (3.4.3)$$

演習問題

3-4 $\boldsymbol{a} = (\sqrt{3}, 1)$，$\boldsymbol{b} = (1, \sqrt{3})$，$\boldsymbol{c} = (-1, \sqrt{3})$ とします。$\langle \boldsymbol{a}, \boldsymbol{b} \rangle$，$\langle \boldsymbol{b}, \boldsymbol{c} \rangle$，$\langle \boldsymbol{c}, \boldsymbol{a} \rangle$

それぞれを 2 つの定義式で計算しなさい。なお，3 つのベクトルの角度の関係を次の図に示しました。

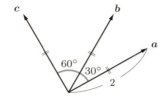

図 3.4.2　ベクトル a, b, c と角度

解答・解説

まず，1 つ目の定義式で内積を計算します。
$\langle a, b \rangle = \sqrt{3} \times 1 + 1 \times \sqrt{3} = \underline{2\sqrt{3}}$ …（答）
$\langle b, c \rangle = 1 \times (-1) + \sqrt{3} \times \sqrt{3} = \underline{2}$ …（答）
$\langle c, a \rangle = -1 \times \sqrt{3} + \sqrt{3} \times 1 = \underline{0}$ …（答）

> ベクトルの対応する成分同士を掛け算し，それら全ての和を取ります。

次に 2 つ目の定義式で内積を計算します。ユークリッド距離の定義式より，a, b, c のユークリッド距離は全て等しく，次のように求まります。

$$\|a\| = \|b\| = \|c\| = \sqrt{1^2 + \left(\sqrt{3}\right)^2} = \sqrt{4} = 2$$

> ベクトルの成分全てについて 2 乗を計算し，それら全ての和を取ったものの平方根を取ります。

よって，内積は次のように求まります。
$\langle a, b \rangle = 2 \times 2 \times \cos 30° = 2 \times 2 \times \dfrac{\sqrt{3}}{2} = \underline{2\sqrt{3}}$ …（答）
$\langle b, c \rangle = 2 \times 2 \times \cos 60° = 2 \times 2 \times \dfrac{1}{2} = \underline{2}$ …（答）
$\langle c, a \rangle = 2 \times 2 \times \cos 90° = 2 \times 2 \times 0 = \underline{0}$ …（答）

> 2 つのベクトルのユークリッド距離の積に $\cos$(ベクトルの成す角)を掛けます。

SECTION 3-5 直交条件

> 押さえる
> ポイント
>
> ☑ 内積が 0 のベクトルは直交している。

2つのベクトル a, b が直交する，つまり，成す角が $90°$ であることの定義は，内積 $\langle a, b \rangle$ が 0 になることです。内積の定義（3-4 参照）と $\cos 90° = 0$（1-9 参照）であることから，

$$\langle a, b \rangle = \|a\| \|b\| \cos 90° = 0$$

と確認することができます。

《定義》

ベクトル a, b が直交する $\iff \langle a, b \rangle = 0$

例えば，$a = (2, 1)$, $b = (-1, 2)$ の内積を計算すると，$\langle a, b \rangle = 2 \times (-1) + 1 \times 2 = 0$ となります。図示してみると確かに直交しています。

図 3.5.1　直交するベクトル a, b

SECTION 3-6 法線ベクトル

> **押さえるポイント**
> ☑ 1点と法線ベクトルが与えられると，1つの平面が定まる。

さて，CHAPTER 2で，曲線（2次元）に対する接線（2-2参照）を考えました。では，曲面（3次元）に対する接線はどうなるかを考えてみましょう。ここでは，最も単純な曲面である球を例として考えます。球の表面に印をつけると，その印で点接触する（接する）ような接線は無数にあります。しかし，これらの接線は1つの平面上にあるという共通点があり，この平面のことを**接平面**といい，この接平面と接する点を**接点**といいます。無限にあるもの（接線）を扱うのは一般に難しいので，法線ベクトルという概念を導入します。**法線ベクトルとは，全ての接線（つまり接平面）と直交するベクトル**として定義します。

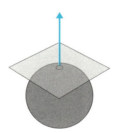

図 3.6.1　球とその接点，接平面，法線ベクトル

SECTION 3-7 ベクトルのノルム

押さえるポイント
- ☑ **$L1$ ノルム**とは，ベクトル成分の絶対値の和を取って計算される。
- ☑ **$L2$ ノルム**とは，ベクトルのユークリッド距離を取って計算される。

3-3 では，ベクトルを矢印で考えて図示し，向きと距離を考えました。このように，**ベクトルはその向きと移動距離（ノルム）が重要**です。このノルムを，成分の値からどのように求められるか考えてみましょう。

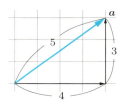

図 3.7.1　ベクトル $a = (4, 3)$ に対応する有向線分（図 3.3.1 の再掲）

ベクトル $a = (4, 3)$ と「右に 4，上に 3 動くこと」を対応づけました。右に 4，上に 3 動くと合計 7 動きます。これは，3 次元以上でも同様に求めることができます。このノルムの求め方を $L1$ ノルムと呼びます。例えば，碁盤目状の都市（米マンハッタン，平城京など）で道を外れることなく 2 点間の最短距離を動くことを考えると，イメージがわきやすいかもしれません。これを **$L1$ ノルム**，あるいはマンハッタン距離と呼びます。

《定義》

a の $L1$ ノルム $= \|a\|_1 = |a_1| + |a_2| + \cdots + |a_n| = \sum_{i=1}^{n} |a_i|$

$L1$ ノルムを計算するには，ベクトルの各成分の絶対値（1-10 参照）を取ればよいということを押さえておきましょう。

一方で，スタートからゴールまでまっすぐ動く方法もあります。ベクトル $\boldsymbol{a} = (4, 3)$ の例では，直線距離は，三平方の定理より $\sqrt{4^2 + 3^2} = \sqrt{16 + 9} = \sqrt{25} = 5$ で求められます。3 次元以上でも同様に求めることができます。このノルムの求め方を **$L2$ ノルム**と呼びます。これはユークリッド距離（1-10 参照）と同じです。

《定義》

$$\boldsymbol{a} \text{ の } L2 \text{ ノルム} = \|a\|_2 = \sqrt{\sum_{i=1}^{n} a_i^2} = \sqrt{a_1^2 + a_2^2 + \cdots + a_n^2}$$

$\boldsymbol{a}$ の $L2$ ノルムは，3-4 の内積を用いて，$\|\boldsymbol{a}\|_2 = \sqrt{\langle \boldsymbol{a}, \boldsymbol{a} \rangle}$ とも表されます。

❷ 人工知能ではこう使われる！

・$L1$ ノルムと $L2$ ノルムは，線形回帰モデルで正則化項として使われます。

・人工知能では，データセットを訓練データとテストデータに分けて学習を行います。訓練データを用いてモデルを作り，テストデータを使ってそのモデルの正しさを測定します。

・このとき，モデルの係数の絶対値または 2 乗値が大きくなってしまうと，訓練データのモデルに適合しすぎて，テストデータのモデルの当てはまりが悪くなる，過学習と呼ばれる現象が発生します。過学習を避けるために，線形回帰モデルで正則化項を付けることで，係数の絶対値または 2 乗値が大きくならないような罰則となります。

・正則化項が付いた式を定義し，その式の誤差を最小化するような係数を求めることで，過学習を避けたモデル式を導出できます。

SECTION 3-8 コサイン類似度

押さえるポイント
- ☑ コサイン類似度(るいじど)は -1 以上 1 以下の値を取る。
- ☑ コサイン類似度の計算方法を理解する。

　私たちが扱うベクトルは，成分は明らかですが，2 つのベクトルの成す角 θ は明らかでない場合が多いです。その場合，内積の計算は 3-4 で扱った公式で求めることができます。ただ，2 つのベクトルのノルムも成分で計算できるので，3-4 の 2 つの公式を使って，$\cos\theta$ の項を求めることができます。こうして求められる $\cos\theta$ の項をコサイン類似度と呼び，$\cos(\boldsymbol{a}, \boldsymbol{b})$ と表します。

《定義》
$$\cos(\boldsymbol{a}, \boldsymbol{b}) = \frac{\sum_{i=1}^{n} a_i b_i}{\sqrt{\sum_{i=1}^{n} a_i^2} \sqrt{\sum_{i=1}^{n} b_i^2}} = \frac{\langle \boldsymbol{a}, \boldsymbol{b} \rangle}{\|\boldsymbol{a}\| \|\boldsymbol{b}\|}$$

　このとき，コサイン類似度は $-1 \leqq \cos(\boldsymbol{a}, \boldsymbol{b}) \leqq 1$ という値を取ることを押さえておきましょう。類似度が -1 のときはベクトルが逆向き平行，0 のときは直交状態になり，1 のときは平行になります。

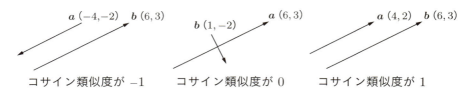

図 3.8.1　コサイン類似度の概念図

このとき，コサイン類似度の値が大きい方が類似度は高いということを示しています。実際，図 3.8.1 を見ると，コサイン類似度が高い方が，ベクトルが似ているように見えますね。

● 人工知能ではこう使われる！

・人工知能がテキストを解析するとき，単語や文章はベクトルで表されています。
・ベクトル化された単語または文章同士の関係性の近さを計算するために，このコサイン類似度が用いられます。

演習問題

3-8 $a = (1, 2, 3)$, $b = (6, 5, 4)$ のコサイン類似度を求めなさい。

....

解答・解説

$\langle a, b \rangle = 1 \times 6 + 2 \times 5 + 3 \times 4 = 28$, $\|a\| = \sqrt{1^2 + 2^2 + 3^2} = \sqrt{14}$, $\|b\| = \sqrt{6^2 + 5^2 + 4^2} = \sqrt{77}$ なので，コサイン類似度 $\cos(a, b)$ は次のようになります。

$$\cos(a, b) = \frac{28}{\sqrt{14}\sqrt{77}} = \frac{4 \cdot 7}{\sqrt{2 \cdot 7}\sqrt{7 \cdot 11}} = \frac{2\sqrt{2}}{\sqrt{11}} = \frac{2\sqrt{22}}{11} \quad \cdots \text{（答）}$$

SECTION 3-9 行列の足し算・引き算

押さえるポイント
- ☑ 行列の足し算・引き算は各成分をそのまま足し引きすることで計算できる。
- ☑ 行列とは同じ次元のベクトルを集めて長方形状に並べたものである。

さて，ここから「行列」分野に入っていきます。行列を使うことで，複雑な計算もシンプルに表現できるので，人工知能で頻繁に使われる分野です。内容としてはベクトルの概念を拡張したものなので，その点を押さえながら読み進めていきましょう。

データを複数個収めることができるように，要素を1列に並べたものをベクトル（3-1参照）と呼びました。次のように**縦横に要素を長方形状に並べたものを行列**といいます。これは同じ次元のベクトルが並べられたもの，と見ることもできます。

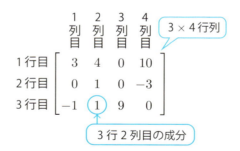

図 3.9.1　行列の表し方

数字の横の並びを行といい，縦の並びを列といいます。**図 3.9.1 の例のような**
行列の並び方（サイズといいます）は，3 × 4 型の行列，あるいは 3 行 4 列の行
列と呼びます。ベクトルは太字の小文字 $a, b, c, \cdots$ で表すことが多いのと同様
に，行列は大文字 $A, B, C, \cdots$ で表すことが多いです。図 3.9.1 の行列中の ◯
の成分のことを (3,2) 成分，あるいは 3 行 2 列成分といいます。**行成分・列成分**
の順番で表すことを押さえておきましょう。

● 例題

$$A = \begin{pmatrix} 0 & 7 & 2 & 2 \\ 1 & 2 & 6 & 1 \\ 5 & 3 & 3 & 4 \end{pmatrix}, B = \begin{pmatrix} 2 & 6 & 7 & -1 \\ 1 & 8 & 3 & 5 \\ 0 & -1 & 6 & 11 \end{pmatrix}$$ と定義したとき，$A + B$ と

$A - B$ を計算せよ。

さて，ベクトルの足し算・引き算（3-2 参照）で対応する成分ごとに足し引き
を行ったのと同様に，**行列も対応する成分ごとに足し算・引き算**をします。

$$A + B = \begin{pmatrix} 0+2 & 7+6 & 2+7 & 2+(-1) \\ 1+1 & 2+8 & 6+3 & 1+5 \\ 5+0 & 3+(-1) & 3+6 & 4+11 \end{pmatrix} = \begin{pmatrix} 2 & 13 & 9 & 1 \\ 2 & 10 & 9 & 6 \\ 5 & 2 & 9 & 15 \end{pmatrix}$$

$$A - B = \begin{pmatrix} 0-2 & 7-6 & 2-7 & 2-(-1) \\ 1-1 & 2-8 & 6-3 & 1-5 \\ 5-0 & 3-(-1) & 3-6 & 4-11 \end{pmatrix} = \begin{pmatrix} -2 & 1 & -5 & 3 \\ 0 & -6 & 3 & -4 \\ 5 & 4 & -3 & -7 \end{pmatrix}$$

行列の足し算・引き算は，単純に同じ成分同士で足し引きするだけなので，分
かりやすいですね。

CHAPTER

3

線形代数

3-9　行列の足し算・引き算

SECTION 3-10 行列の掛け算

> **押さえる ポイント**
>
> ☑ 行列の掛け算の方法を把握し，計算できるようになる。

行ベクトル $a_1 = (-1, 2)$, 列ベクトル $b_1 = \begin{pmatrix} 3 \\ 2 \end{pmatrix}$ は，それぞれ 1×2 型，2×1 型の行列と見なすことができます。これらの内積（3-4 参照）を拡張して，行列の積を定義します。

$$a_1 b_1 = \langle a_1, b_1 \rangle \text{ より, } a_1 b_1 = (-1, 2) \begin{pmatrix} 3 \\ 2 \end{pmatrix} = -1 \times 3 + 2 \times 2 = 1 \quad \cdots (3.10.1)$$

一般に，$1 \times n$ 型の行列（n 次元行ベクトル）と $n \times 1$ 型（n 次元列ベクトル）の行列の積は次のように表されます。

> **《公式》**
>
> $$a = (a_1, a_2, \cdots, a_n), \quad b = \begin{pmatrix} b_1 \\ b_2 \\ \vdots \\ b_n \end{pmatrix} \text{ に対して,}$$
>
> $$ab = \langle a, b \rangle = a_1 b_1 + a_2 b_2 + \cdots + a_n b_n = \sum_{i=1}^{n} a_i b_i$$

次に，$a_1 = (-1, 2)$, $a_2 = (1, 1)$ を縦に並べて作った行列 $A = \begin{pmatrix} a_1 \\ a_2 \end{pmatrix} = \begin{pmatrix} -1 & 2 \\ 1 & 1 \end{pmatrix}$ と，先ほどの列ベクトル $b_1 = \begin{pmatrix} 3 \\ 2 \end{pmatrix}$ の積を考えます。式 (3.10.1) から，$a_1 b_1 = \langle a_1, b_1 \rangle = 1$ であり，$a_2 b_1 = \langle a_2, b_1 \rangle = 1 \times 3 + 1 \times 2 = 5$ なので，$a_1 b_1$, $a_2 b_1$ を縦に並べた列ベクトルを行列 A と列ベクトル b_1 の積 $A b_1$ と定義します。

$$Ab_1 = \begin{pmatrix} a_1 \\ a_2 \end{pmatrix} b_1 = \begin{pmatrix} \langle a_1, b_1 \rangle \\ \langle a_2, b_1 \rangle \end{pmatrix} \text{ より, } Ab_1 = \begin{pmatrix} -1 & 2 \\ 1 & 1 \end{pmatrix} \begin{pmatrix} 3 \\ 2 \end{pmatrix} = \begin{pmatrix} 1 \\ 5 \end{pmatrix}$$

$$\cdots (3.10.2)$$

a_1, a_2 の下に行ベクトル $a_3 = (3, 0)$ を並べた行列 $A' = \begin{pmatrix} a_1 \\ a_2 \\ a_3 \end{pmatrix} =$
$\begin{pmatrix} -1 & 2 \\ 1 & 1 \\ 3 & 0 \end{pmatrix}$ と列ベクトル b_1 の積も, $a_3 b_1 = \langle a_3, b_1 \rangle = 3 \times 3 + 0 \times 2 = 9$ な
ので, Ab_1 と同様に計算できます。

$$A' b_1 = \begin{pmatrix} a_1 \\ a_2 \\ a_3 \end{pmatrix} b_1 = \begin{pmatrix} \langle a_1, b_1 \rangle \\ \langle a_2, b_1 \rangle \\ \langle a_3, b_1 \rangle \end{pmatrix} \text{ より, } A' b_1 = \begin{pmatrix} -1 & 2 \\ 1 & 1 \\ 3 & 0 \end{pmatrix} \begin{pmatrix} 3 \\ 2 \end{pmatrix} = \begin{pmatrix} 1 \\ 5 \\ 9 \end{pmatrix}$$

$$\cdots (3.10.3)$$

一般に, $m \times n$ 型の行列と $n \times 1$ 型の行列（n 次元列ベクトル）の積は, m 個
の n 次元行ベクトルと n 次元列ベクトルの内積を用いて, 次のように m 次元列
ベクトルで表されます。

《公式》

$$A = \begin{pmatrix} a_1 \\ a_2 \\ \vdots \\ a_m \end{pmatrix} = \begin{pmatrix} a_{11} & a_{12} & \cdots & a_{1n} \\ a_{21} & a_{22} & \cdots & a_{2n} \\ \vdots & \vdots & \ddots & \vdots \\ a_{m1} & a_{m2} & \cdots & a_{mn} \end{pmatrix}, \quad b = \begin{pmatrix} b_1 \\ b_2 \\ \vdots \\ b_n \end{pmatrix} \text{ に対して,}$$

$$Ab = \begin{pmatrix} a_1 \\ a_2 \\ \vdots \\ a_m \end{pmatrix} b = \begin{pmatrix} \langle a_1, b \rangle \\ \langle a_2, b \rangle \\ \vdots \\ \langle a_m, b \rangle \end{pmatrix} = \begin{pmatrix} \sum_{i=1}^{n} a_{1i} b_i \\ \sum_{i=1}^{n} a_{2i} b_i \\ \vdots \\ \sum_{i=1}^{n} a_{mi} b_i \end{pmatrix}$$

3-10　行列の掛け算　093

$$
= \begin{pmatrix} a_{11}b_1 + a_{12}b_2 + \cdots + a_{1n}b_n \\ a_{21}b_1 + a_{22}b_2 + \cdots + a_{2n}b_n \\ \vdots \\ a_{m1}b_1 + a_{m2}b_2 + \cdots + a_{mn}b_n \end{pmatrix}
$$

さて，最後に行ベクトル a_1，a_2 を並べ，行列 A を作ったのと同様に，列ベクトル b_1 の横に $b_2 = \begin{pmatrix} 1 \\ 3 \end{pmatrix}$ を並べて行列 $B = (b_1, b_2) = \begin{pmatrix} 3 & 1 \\ 2 & 3 \end{pmatrix}$ を作り，これらの積 AB を計算してみましょう。

● 例題

$A\begin{pmatrix} -1 & 2 \\ 1 & 1 \end{pmatrix}$, $B = \begin{pmatrix} 3 & 1 \\ 2 & 3 \end{pmatrix}$ と定義したとき，積 AB を計算しなさい。

$Ab_2 = \begin{pmatrix} -1 & 2 \\ 1 & 1 \end{pmatrix}\begin{pmatrix} 1 \\ 3 \end{pmatrix} = \begin{pmatrix} -1 \times 1 + 2 \times 3 \\ 1 \times 1 + 1 \times 3 \end{pmatrix} = \begin{pmatrix} 5 \\ 4 \end{pmatrix}$ より，行列 A, B の積 AB は次のように計算します。

$$
AB = \begin{pmatrix} a_1 \\ a_2 \end{pmatrix} (b_1, b_2) = \begin{pmatrix} \langle a_1, b_1 \rangle & \langle a_1, b_2 \rangle \\ \langle a_2, b_1 \rangle & \langle a_2, b_2 \rangle \end{pmatrix} \text{ より，}
$$

$$
AB = \begin{pmatrix} -1 & 2 \\ 1 & 1 \end{pmatrix} \begin{pmatrix} 3 & 1 \\ 2 & 3 \end{pmatrix} = \begin{pmatrix} 1 & 5 \\ 5 & 4 \end{pmatrix} \quad \cdots (3.10.4)
$$

さて，一般に，$m \times n$ 型の行列と $n \times l$ 型の行列の積は，n 次元行ベクトルと n 次元列ベクトルの内積を $m \times l$ 個用いて，$m \times l$ 型の行列で表されます。

《公式》

$$
A = \begin{pmatrix} a_1 \\ a_2 \\ \vdots \\ a_m \end{pmatrix} = \begin{pmatrix} a_{11} & a_{12} & \cdots & a_{1n} \\ a_{21} & a_{22} & \cdots & a_{2n} \\ \vdots & \vdots & \ddots & \vdots \\ a_{m1} & a_{m2} & \cdots & a_{mn} \end{pmatrix},
$$

$$B = (b_1, b_2, \cdots, b_l) = \begin{pmatrix} b_{11} & b_{12} & \cdots & b_{1l} \\ b_{21} & b_{22} & \cdots & b_{2l} \\ \vdots & \vdots & \ddots & \vdots \\ b_{n1} & b_{n2} & \cdots & b_{nl} \end{pmatrix} \text{ に対し,}$$

$$AB = \begin{pmatrix} a_1 \\ a_2 \\ \vdots \\ a_m \end{pmatrix} (b_1, b_2, \cdots, b_l)$$

$$= \begin{pmatrix} \langle a_1, b_1 \rangle & \langle a_1, b_2 \rangle & \cdots & \langle a_1, b_l \rangle \\ \langle a_2, b_1 \rangle & \langle a_2, b_2 \rangle & \cdots & \langle a_2, b_l \rangle \\ \vdots & \vdots & \ddots & \vdots \\ \langle a_m, b_1 \rangle & \langle a_m, b_2 \rangle & \cdots & \langle a_m, b_l \rangle \end{pmatrix}$$

AB の第 p 行 q 列成分は, $\langle a_p, b_q \rangle = \sum_{i=1}^{n} a_{pi} b_{iq} = a_{p1} b_{1q} + a_{p2} b_{2q} + \cdots + a_{pn} b_{nq}$ である。

　少し計算方法が混乱してしまったかもしれません。**行列の掛け算は，ベクトルの内積の概念を拡張したもの**であることを把握してくれれば OK です。また，行列の掛け算を行うときは，以下のように筆算をすると分かりやすいでしょう。

$$AB = \begin{pmatrix} 1 & 4 \\ 0 & 0 \\ 8 & 0 \end{pmatrix} \begin{pmatrix} 0 & 1 & 0 \\ 0 & -3 & 11 \end{pmatrix}$$

を計算するとき，行列 A を左側，行列 B を上側に置き，マス目を作ってそれぞれの成分の計算を行います。

		行列 B		
		⓪	1	0
		⓪	−3	11
	① ④	$1 \times 0 + 4 \times 0$ $= 0$	$1 \times 1 + 4 \times (-3)$ $= -11$	$1 \times 0 + 4 \times 11$ $= 44$
行列 A	0　0	$0 \times 0 + 0 \times 0$ $= 0$	$0 \times 1 + 0 \times (-3)$ $= 0$	$0 \times 0 + 0 \times 11$ $= 0$
	8　0	$8 \times 0 + 0 \times 0$ $= 0$	$8 \times 1 + 0 \times (-3)$ $= 8$	$8 \times 0 + 0 \times 11$ $= 0$

3-10　行列の掛け算　095

このように計算を行うと，

$$AB = \begin{pmatrix} 1 & 4 \\ 0 & 0 \\ 8 & 0 \end{pmatrix} \begin{pmatrix} 0 & 1 & 0 \\ 0 & -3 & 11 \end{pmatrix} = \begin{pmatrix} 0 & -11 & 44 \\ 0 & 0 & 0 \\ 0 & 8 & 0 \end{pmatrix}$$

と楽に計算できるので，この筆算の方法を覚えておくとよいでしょう。なお，ベクトルで触れた「スカラー倍」という概念（3-2 参照）は，行列にもあります。

《公式》

$A = \begin{pmatrix} \boldsymbol{a_1} \\ \boldsymbol{a_2} \\ \vdots \\ \boldsymbol{a_m} \end{pmatrix} = \begin{pmatrix} a_{11} & a_{12} & \cdots & a_{1n} \\ a_{21} & a_{22} & \cdots & a_{2n} \\ \vdots & \vdots & \ddots & \vdots \\ a_{m1} & a_{m2} & \cdots & a_{mn} \end{pmatrix}$ のとき，行列の k 倍である

kA は，

$kA = k \begin{pmatrix} \boldsymbol{a_1} \\ \boldsymbol{a_2} \\ \vdots \\ \boldsymbol{a_m} \end{pmatrix} = \begin{pmatrix} ka_{11} & ka_{12} & \cdots & ka_{1n} \\ ka_{21} & ka_{22} & \cdots & ka_{2n} \\ \vdots & \vdots & \ddots & \vdots \\ ka_{m1} & ka_{m2} & \cdots & ka_{mn} \end{pmatrix}$ と定義される。

◉ 例題

$A \begin{pmatrix} -1 & 2 \\ 1 & 1 \end{pmatrix}$ のスカラー倍，$\frac{1}{2}$ 倍を計算しなさい。

$$\frac{1}{2} \begin{pmatrix} -1 & 2 \\ 1 & 1 \end{pmatrix} = \begin{pmatrix} -\frac{1}{2} & 1 \\ \frac{1}{2} & \frac{1}{2} \end{pmatrix} \quad \cdots (答)$$

さて，行列での掛け算には複数のルールがあります。行列の積 AB には，その成分 $\langle \boldsymbol{a_p}, \boldsymbol{b_q} \rangle$ が定義できるように，行列 A の列数と行列 B の行数が一致するときにしか計算が定義されません。つまり，**$m \times n$ 型の行列と $n \times l$ 型の行列の積の形のときのみ積が定義され，その結果は $m \times l$ 型の行列になります**。

このため，式 (3.10.2) の $A\boldsymbol{b_1}$ の積の順番を入れ替えた $\boldsymbol{b_1}A$ は定義されません。

また，$A' = \begin{pmatrix} -1 & 2 \\ 1 & 1 \\ 3 & 0 \end{pmatrix}$，$B' = \begin{pmatrix} 3 & 1 & 2 \\ 2 & 3 & 0 \end{pmatrix}$ としたとき，積はどちらの順番でも定義されますが，結果は異なり，結果の行列のサイズですら異なってしまいます。**一般に，行列の積について交換法則は成り立ちません（$AB \neq BA$）**[2]。例えば，$A'B'$ と $B'A'$ の計算結果は以下のようになります。

$$A'B' = \begin{pmatrix} 1 & 5 & -2 \\ 5 & 4 & 2 \\ 9 & 3 & 6 \end{pmatrix}，B'A' = \begin{pmatrix} 4 & 7 \\ 1 & 7 \end{pmatrix} \quad \cdots (3.10.5)$$

　数の掛け算では，$a \times b = 0$ ならば，a, b の少なくとも一方は 0 だと考えることができます。しかし，行列ではそうとも言い切れません。**全ての成分が 0 であるような行列 O を**零行列といいます。行列・ベクトルに零行列 O を掛けると，零行列・零ベクトルになります。しかし，行列式（3-11 参照）が 0 となるような行列，例えば $\begin{pmatrix} 0 & 0 \\ 1 & 0 \end{pmatrix}$ を 2 乗しても，零行列になります。

$$\begin{pmatrix} 0 & 0 \\ 1 & 0 \end{pmatrix}^2 = \begin{pmatrix} 0 & 0 \\ 1 & 0 \end{pmatrix} \begin{pmatrix} 0 & 0 \\ 1 & 0 \end{pmatrix} = \begin{pmatrix} 0 & 0 \\ 0 & 0 \end{pmatrix} \quad \cdots (3.10.6)$$

右下がりの対角線上成分のみ 1 でその他が 0 であるような正方行列[3]**を**単位行列[4]**$E = \begin{pmatrix} 1 & 0 \\ 0 & 1 \end{pmatrix}$ といい，これには，どんな行列・ベクトルに掛けても元の行列・ベクトルから変化しない**という性質があります。これは数の掛け算で，1 を掛けても値が変化しないことに対応します。このような，ある操作を加えても，その前後で何も変化しないような操作（写像）を**恒等写像**といいます。

$$\begin{pmatrix} 1 & 0 \\ 0 & 1 \end{pmatrix} \begin{pmatrix} 4 & 7 \\ 1 & 7 \end{pmatrix} = \begin{pmatrix} 4 & 7 \\ 1 & 7 \end{pmatrix} \begin{pmatrix} 1 & 0 \\ 0 & 1 \end{pmatrix} = \begin{pmatrix} 4 & 7 \\ 1 & 7 \end{pmatrix} \quad \cdots (3.10.7)$$

---

[2] ただし，ある行列とその逆行列（3-11 参照）の積，一方が単位行列のときなどの場合は，例外的に交換法則が成り立つことがあります。

[3] 行数と列数が等しいような行列を正方行列といいます。

[4] ここで触れた単位行列は，2×2 型の行列の場合です。3×3 型の行列の場合，$E = \begin{pmatrix} 1 & 0 & 0 \\ 0 & 1 & 0 \\ 0 & 0 & 1 \end{pmatrix}$ のようになり，4×4 型以上の行列の場合も同様です。単位行列のことを I と表す場合もあります。

3-10　行列の掛け算　097

SECTION 3-11 逆行列

> **押さえる ポイント**
>
> ☑ 行列には割り算の概念はないが，**逆行列**という 概念がある。
> ☑ **逆行列は正方行列のみ定義される。**

ここまで，行列の足し算・引き算・掛け算について見てきました。四則演算の残り一つである割り算が行列にあるかというと，行列には割り算はありません。しかし，割り算に似た概念として逆行列があります。

割り算の計算をするとき，割る数 $\frac{3}{5}$ の逆数[5] $\frac{5}{3}$ を用いて，掛け算の計算に問題を置き換えます。この逆数の考え方を行列に広げたものが**逆行列**です。

$$\frac{1}{2} \boxed{\div \frac{3}{5}} = \frac{1}{2} \boxed{\times \frac{5}{3}} = \frac{5}{6}$$

逆数

このとき，割る数 $a \neq 0$ とその逆数 $\frac{1}{a}$（あるいは a^{-1}）の積は 1 になります。

$$a \times a^{-1} = a^{-1} \times a = 1$$

同様に，行列 A とその逆行列 A^{-1} の積が単位行列 E（3-10 参照）になるように，逆行列 A^{-1} を定義します。

《定義》

$$AA^{-1} = A^{-1}A = E$$

単位行列とは，2×2 型の行列の場合，$E = \begin{pmatrix} 1 & 0 \\ 0 & 1 \end{pmatrix}$ で定義される行列のことでしたね。このように，行列 A，A^{-1} の積が定義できるためには，まず，これら

---

[5] 分子と分母を入れ替えた分数のことを逆数と呼びます。

が**正方行列**（3-10 参照）**である必要性**があります。正方行列とは，行数と列数が等しいような行列のことでした。

さらに，正方行列であっても，行列 A の**行列式が 0 であった場合**，数の場合と同様に**逆行列は存在しません**。行列式とは，$\det A$ もしくは $|A|$ と表されます。2×2 行列，$A = \begin{pmatrix} a & b \\ c & d \end{pmatrix}$ の行列式は次の公式で計算できます。

《公式》

$$|A| = \det A = ad - bc$$

➡ 例題

$A = \begin{pmatrix} 2 & 4 \\ 4 & 8 \end{pmatrix}$, $B = \begin{pmatrix} -4 & -3 \\ 8 & 6 \end{pmatrix}$ の行列式をそれぞれ計算しなさい。

$$\det A = \det \begin{pmatrix} 2 & 4 \\ 4 & 8 \end{pmatrix} = 2 \times 8 - 4 \times 4 = 0$$

$$\det B = \det \begin{pmatrix} -4 & -3 \\ 8 & 6 \end{pmatrix} = (-4) \times 6 - (-3) \times 8 = 0$$

行列 A の行列式が 0 であった場合，逆行列は存在しないという特性から，例題の行列 A，B に逆行列は存在しません。

2×2 行列の場合は，次の公式により，逆行列が求められます。

《公式》

$$A = \begin{pmatrix} a & b \\ c & d \end{pmatrix} \text{ に対して，} A^{-1} = \frac{1}{ad - bc} \begin{pmatrix} d & -b \\ -c & a \end{pmatrix}$$

$A = \begin{pmatrix} 3 & 2 \\ 7 & 5 \end{pmatrix}$ の逆行列 A^{-1} は，公式に代入して，

$$A^{-1} = \frac{1}{3 \times 5 - 2 \times 7} \begin{pmatrix} 5 & -2 \\ -7 & 3 \end{pmatrix} = \begin{pmatrix} 5 & -2 \\ -7 & 3 \end{pmatrix}$$

と求められます。

　2 × 2 行列以外の正方行列の逆行列はこの公式では求められず，掃き出し法や余因子展開を用いる方法などを利用することになります。こうした公式は非常に複雑なので，手計算するのは困難で，コンピュータに任せることになります。

演習問題

3-11 $\begin{pmatrix} 3 & -2 \\ 2 & 5 \end{pmatrix} \begin{pmatrix} x \\ y \end{pmatrix} = \begin{pmatrix} 3 \\ 2 \end{pmatrix}$ を解きなさい。

....

解答・解説

$A = \begin{pmatrix} 3 & -2 \\ 2 & 5 \end{pmatrix}$ と置くと，逆行列 A^{-1} は，公式に代入して，

$$A^{-1} = \frac{1}{3 \times 5 - \{2 \times (-2)\}} \begin{pmatrix} 5 & 2 \\ -2 & 3 \end{pmatrix} = \frac{1}{19} \begin{pmatrix} 5 & 2 \\ -2 & 3 \end{pmatrix}$$ と求められます。

連立方程式 $A \begin{pmatrix} x \\ y \end{pmatrix} = \begin{pmatrix} 3 \\ 2 \end{pmatrix}$ の両辺に，左から，A^{-1} を掛けます。

$(左辺) = A^{-1} A \begin{pmatrix} x \\ y \end{pmatrix} = E \begin{pmatrix} x \\ y \end{pmatrix} = \begin{pmatrix} x \\ y \end{pmatrix}$

$(右辺) = A^{-1} \begin{pmatrix} 3 \\ 2 \end{pmatrix} = \frac{1}{19} \begin{pmatrix} 5 & 2 \\ -2 & 3 \end{pmatrix} \begin{pmatrix} 3 \\ 2 \end{pmatrix} = \frac{1}{19} \begin{pmatrix} 5 \times 3 + 2 \times 2 \\ -2 \times 3 + 3 \times 2 \end{pmatrix}$

$\qquad = \frac{1}{19} \begin{pmatrix} 19 \\ 0 \end{pmatrix} = \begin{pmatrix} 1 \\ 0 \end{pmatrix}$

$(左辺) = (右辺)$ より，$\begin{pmatrix} x \\ y \end{pmatrix} = \begin{pmatrix} 1 \\ 0 \end{pmatrix}$ となります。

　この問題のように，連立方程式 $\begin{cases} 3x - 2y = 3 \\ 2x + 5y = 2 \end{cases}$ の問題を行列の問題として解くことができます。

SECTION 3-12 線形変換

> **押さえる ポイント**
> - ☑ **線形変換**の概念を把握する。
> - ☑ **線形変換**の手法を学ぶ。

線形変換とは，数学的にはベクトルに行列を掛けてベクトルを作る関数のことを指します。ベクトル空間からベクトル空間へ，ベクトルの特徴を保ったまま変換する変換手法ともいえます。式 (3.10.2) の計算（以下式 (3.12.1) に再掲）がどういう意味を持っていたのか，改めて確認してみましょう。

$$A = \begin{pmatrix} -1 & 2 \\ 1 & 1 \end{pmatrix}, \ \boldsymbol{b_1} = \begin{pmatrix} 3 \\ 2 \end{pmatrix} \ \text{として,} \ A\boldsymbol{b_1} = \begin{pmatrix} -1 & 2 \\ 1 & 1 \end{pmatrix} \begin{pmatrix} 3 \\ 2 \end{pmatrix} = \begin{pmatrix} 1 \\ 5 \end{pmatrix}$$

$$\cdots (3.12.1)$$

ここで，線形空間を構成するものの基準として，**標準基底** e を規定してみます。標準基底とは，x 軸 y 軸 z 軸のように，「座標系」を定めるようなベクトルの組み（集合）のことをいいます。このとき，$\boldsymbol{b_1}$ は，標準基底 $\boldsymbol{e_x} = \begin{pmatrix} 1 \\ 0 \end{pmatrix}$，$\boldsymbol{e_y} = \begin{pmatrix} 0 \\ 1 \end{pmatrix}$ を用いて次のように表せます。

$$\boldsymbol{b_1} = 3 \begin{pmatrix} 1 \\ 0 \end{pmatrix} + 2 \begin{pmatrix} 0 \\ 1 \end{pmatrix} = 3\boldsymbol{e_x} + 2\boldsymbol{e_y} \ \cdots (3.12.2)$$

さて，行列 A を 2 つの列ベクトル $\boldsymbol{e_1} = \begin{pmatrix} -1 \\ 1 \end{pmatrix}$，$\boldsymbol{e_2} = \begin{pmatrix} 2 \\ 1 \end{pmatrix}$ に分割し，$A = (\boldsymbol{e_1}, \boldsymbol{e_2})$ と表します。次に，この $\boldsymbol{e_1}, \boldsymbol{e_2}$ を用いて，$A\boldsymbol{b_1}$ を求めると次のようになります。

$$A\boldsymbol{b_1} = \begin{pmatrix} -1 & 2 \\ 1 & 1 \end{pmatrix} \left\{ 3 \begin{pmatrix} 1 \\ 0 \end{pmatrix} + 2 \begin{pmatrix} 0 \\ 1 \end{pmatrix} \right\}$$

$$= 3 \begin{pmatrix} -1 & 2 \\ 1 & 1 \end{pmatrix} \begin{pmatrix} 1 \\ 0 \end{pmatrix} + 2 \begin{pmatrix} -1 & 2 \\ 1 & 1 \end{pmatrix} \begin{pmatrix} 0 \\ 1 \end{pmatrix}$$

3-12 線形変換 101

$$= 3\begin{pmatrix}-1\\1\end{pmatrix} + 2\begin{pmatrix}2\\1\end{pmatrix} = 3e_1 + 2e_2 = \begin{pmatrix}1\\5\end{pmatrix} \quad \cdots(3.12.3)$$

- b_1 の x 成分
- b_1 の y 成分
- 行列 A の 2 列目
- 行列 A の 1 列目

さて，このようにしても $Ab_1 = \begin{pmatrix}1\\5\end{pmatrix}$ と求めることができました。このとき，式 (3.12.2) と式 (3.12.3) が図形的にどういう意味を持っているのか，考えてみましょう。いま行った線形変換を図 3.12.1 に示しました。

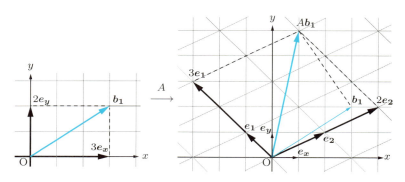

図 3.12.1　行列 A による線形変換

まず，式 (3.12.2) の意味から考えます。図 3.12.1 中のグリッドの交点は，標準基底 e_x, e_y の整数のスカラー倍の和 $xe_x + ye_y$ (x, y は整数) で表すことができる点（格子点）を表しています。左図を見てみると，b_1 は基準の点 O から e_x 方向に 3，e_y 方向に 2 動いています。

式 (3.12.3) でも同様に，基底 e_1, e_2 を基準にして，平行四辺形のグリッド・格子点を描くことができます。Ab_1 は基準の点 O から e_1 方向に 3，e_2 方向に 2 動いています。動く方向は e_x から e_1，e_y から e_2 にそれぞれ変化しているものの，動くスカラー倍は，第 1 成分が 3 倍，第 2 成分が 2 倍で同じです。

つまり，この行列の計算は，回転，かつ拡大（または縮小）と捉えることもできます。こうした，あるベクトルに行列 A を**左から掛けるという操作は，他のあるベクトルの空間に取り替え，そのベクトルを回転や拡大（縮小）する操作だと**

捉えることもできるでしょう．このことを，**標準基底 $e_x, e_y, \cdots$ から別の基底 $e_1, e_2, \cdots$ に取り替える**と表現します．こうしたベクトル空間の操作を，**線形変換**あるいは **1 次変換**といいます．

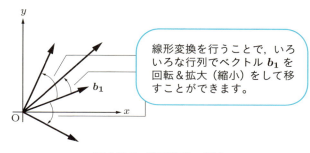

図 3.12.2　線形変換の概念

● 人工知能ではこう使われる！

- 人工知能で注目されているアルゴリズムの一つ「ニューラルネットワーク」の計算の基本は，パラメータと重みの掛け算を足し合わせることによって行います．このパラメータと重みによる掛け算は，線形変換と見なすことができます．

- 実際のニューラルネットワークの例と線形変換の関係を図 3.12.3 に示しました．この図では単純化するためにバイアスが考慮されていませんが，バイアスがある場合も同様です．

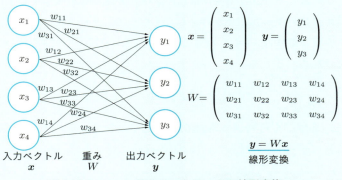

図 3.12.3　ニューラルネットワークと線形変換

SECTION 3-13 固有値と固有ベクトル

押さえる ポイント

- ☑ **固有値**と**固有ベクトル**の求め方を知る。
- ☑ **2 × 2 行列の場合，固有値と固有ベクトルは必ず 2 ペア存在する。**

与えられた正方行列 A に対して，次の式を満たすような列ベクトル $\boldsymbol{x}(\neq \boldsymbol{0})$ が存在するとき，$\overset{\text{ラムダ}}{\lambda}$ **を行列 A の固有値，$\boldsymbol{x}$ を固有ベクトル**といいます（E は単位行列（3-10 参照）を指します）。

$$A\boldsymbol{x} = \lambda E\boldsymbol{x} \quad \cdots (3.13.1)$$

この式の右辺を左辺に移項すると，次の式が得られます。

$$(A - \lambda E)\boldsymbol{x} = \boldsymbol{0} \quad \cdots (3.13.2)$$

仮に $(A - \lambda E)$ が逆行列 $(A - \lambda E)^{-1}$ を持ったとすると，

$$\boldsymbol{x} = (A - \lambda E)^{-1}\boldsymbol{0} = \boldsymbol{0} \quad \cdots (3.13.3)$$

となり，この連立方程式は自明な解[6] $\boldsymbol{x} = \boldsymbol{0}$ しか持たなくなってしまいます。つまり，固有ベクトル $\boldsymbol{x}\ (\neq \boldsymbol{0})$ が存在しなくなってしまいます。したがって，固有ベクトルを持つ条件は，$(A - \lambda E)$ が逆行列 $(A - \lambda E)^{-1}$ を持たないこと，つまり次式を満たすことです。

$$\det(A - \lambda E) = 0 \quad \cdots (3.13.4)$$

この λ の方程式を**行列 A の固有方程式**といいます。det は，行列式の表現でしたね（3-11 参照）。また，3×3 以上の行列に対する行列式と固有方程式もあ

---

[6] 連立方程式 $P\boldsymbol{x} = \boldsymbol{0}$（$P$ は行列）は，$\boldsymbol{x} = \boldsymbol{0}$ を解として必ず持ちます。この $\boldsymbol{x} = \boldsymbol{0}$ を自明な解といいます。これに対して，$\boldsymbol{x} \neq \boldsymbol{0}$ となる解を非自明な解といいます。

り，同様に定義できます。

さて，この固有値，固有ベクトルはどのような意味を持つでしょうか？ 線形変換とは，ある行列で，あるベクトルを回転＆拡大（縮小）させることであると確認（3-12 参照）しました。ある2点[*7]のとき，ベクトルの回転が起こらず，拡大・縮小のみで表現できる特殊なケースがあります。

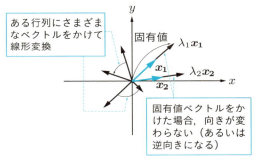

図 3.13.1　線形変換と固有値・固有ベクトル

図 3.13.1 のように，ベクトルが回転せず，拡大・縮小のみで表現できる場合のベクトルの長さの比と長さの向きを，固有値・固有ベクトルと呼ぶのです。

さて，ここから具体的に，固有値・固有ベクトルをどう計算すればよいのか考えてみましょう。例えば，行列 $A = \begin{pmatrix} 2 & 4 \\ -1 & -3 \end{pmatrix}$ の固有値・固有ベクトルを求めてみます。まず，式 (3.13.4) に行列 A を代入して，固有値 λ を求めます。

$$\det\left(\begin{pmatrix} 2 & 4 \\ -1 & -3 \end{pmatrix} - \lambda \begin{pmatrix} 1 & 0 \\ 0 & 1 \end{pmatrix}\right) = 0 \cdots (3.13.5)$$

$$\det\begin{pmatrix} 2-\lambda & 4 \\ -1 & -3-\lambda \end{pmatrix} = 0$$

$$(2-\lambda)(-3-\lambda) - 4(-1) = 0$$

$$\lambda^2 + \lambda - 2 = 0$$

$$(\lambda+2)(\lambda-1) = 0$$

[*7] 今回は 2×2 行列を考えているので2点です。$n \times n$ 行列の場合，n 点になります。（n は2以上の自然数）

ゆえに行列 A の固有値 λ は -2, 1 となります。次に，式 (3.13.2) に固有値 $\lambda = -2$, 1 を代入して，それぞれの固有値に対応する固有ベクトル $\boldsymbol{x}$ を求めます。

(i) $\lambda = -2$ に対応する固有ベクトルは，

$$(A - (-2)\,E)\,\boldsymbol{x} = \begin{pmatrix} 2 - (-2) & 4 \\ -1 & -3 - (-2) \end{pmatrix} \boldsymbol{x} = \begin{pmatrix} 4 & 4 \\ -1 & -1 \end{pmatrix} \boldsymbol{x} = \boldsymbol{0}$$

の解となります。ここで，$\boldsymbol{x} = \begin{pmatrix} \alpha \\ \beta \end{pmatrix}$ と置き，$\begin{pmatrix} 4 & 4 \\ -1 & -1 \end{pmatrix} \begin{pmatrix} \alpha \\ \beta \end{pmatrix} = \begin{pmatrix} 0 \\ 0 \end{pmatrix}$ を解くと，$\alpha + \beta = 0$ が導出されます。そこで，$\alpha = t$, $\beta = -t$ と置きます。すると，$\boldsymbol{x} = \begin{pmatrix} 1 \\ -1 \end{pmatrix} t$ と表現できます。すなわち，固有ベクトル $\boldsymbol{x}$ は $\begin{pmatrix} 1 \\ -1 \end{pmatrix}$ の定数倍と求められるのです。

(ii) $\lambda = 1$ に対応する固有ベクトルは，

$$(A - E)\,\boldsymbol{x} = \begin{pmatrix} 2 - 1 & 4 \\ -1 & -3 - 1 \end{pmatrix} \boldsymbol{x} = \begin{pmatrix} 1 & 4 \\ -1 & -4 \end{pmatrix} \boldsymbol{x} = \boldsymbol{0}$$

の解なので，同様の手法で固有ベクトル $\boldsymbol{x}$ は $\begin{pmatrix} 4 \\ -1 \end{pmatrix}$ の定数倍と求められます。

このように，固有値に対してそれぞれ異なる固有ベクトルがあります。

● 人工知能ではこう使われる！

・人工知能アルゴリズムの中で，教師なし学習といわれる分野の一つである主成分分析という手法があり，これは複数次元あるデータをまとめて扱いやすくするため，2 次元や 3 次元などに圧縮する手法です。

・データが最もバラツキを持つような軸を考えるとき，式変換を行うと今回求めたような固有値，固有ベクトル問題を解くことに帰着されます。

・また，このときに固有値はデータの説明度合いを示す値になります。各固有ベクトル（主成分）に対応する固有値を，その固有値の総和で割ったものを寄与率と呼びます。

>CHAPTER 4
確率・統計

　確率・統計は,「傾向を知り, 限られたデータからその全体像を予測する」ために使われます。確率は, サイコロの目やくじ引きなど簡単な場合については皆さんの身近にたくさん例があると思います。統計も, 平均値を求めるところまではなじみ深いもののはずです。

　一方で, 確率の数式表現や, 分散・尤度・正規分布など用語がたくさん出たりすると, とたんに分かりづらくなるのも事実です。数式を見て, その意味を分かるようにすること。「Tomorrow」を「明日」と読めるように, 数式を「読める」ようになることが, この確率・統計の攻略ポイントです。

SECTION 4-1 確率とは？

押さえるポイント
- ☑ 確率計算の基本（組合せ，余事象，和と積の使い分け）を身に付ける。
- ☑ さまざまな物事の確率表現を把握する。

確率とは，ある偶然性を持つ事象が発生する可能性を表したものです。英語では **Probability** というので，P という文字で表現することが多いです。最大値の 1（100%）と，最小値の 0（0%）の間の値で表される実数で，以下の公式で求めることができます。

《定義》
$$確率 = \frac{ある事象が発生する場合の数}{起こり得る限りの全ての場合の数}$$

サイコロを振って 1 の目が出る確率を考えます（ここで，サイコロの出る目の確率は同様に確からしいとします）。出る可能性があるのは 1 から 6 の目で，6 通りあります。1 の目が出る，という事象は，当然 1 通りです。したがって，1 が出る確率は，$\frac{1\ 通り}{6\ 通り}$ で，$\frac{1}{6}$ となります。

もう少し複雑な場合を考えます。サイコロを 3 個振り，出た目の和が 6 になる場合を考えます。理解のために 3 個のサイコロに A，B，C と名前を付けて，A が

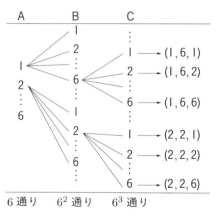

図 4.1.1 数え上げる方法

1，B が 3，C が 6 の目が出たときを (A, B, C) = (1, 3, 6) と表現することにします。

出た目の和が 6 になる場合を数え上げてみると，以下の 10 通りになります。

$$(A, B, C) = (1, 1, 4), (1, 2, 3), (1, 3, 2), (1, 4, 1), (2, 1, 3), (2, 2, 2), (2, 3, 1),$$
$$(3, 1, 2), (3, 2, 1), (4, 1, 1)$$

全ての場合の数は，3個のサイコロでそれぞれ6通りずつ出ますから，図4.1.1のように考えれば，$6 \times 6 \times 6 = 216$（通り）になることが分かります。

以上から，サイコロを3個振り，出た目の和が6になる確率は，$\dfrac{10 \text{通り}}{216 \text{通り}}$で$\dfrac{5}{108}$（約 4.63%）になります。

このように確率を求める場合には，単純ですが，場合の数を数え上げることが基本になります。しかし，場合の数は数え上げるには数が多すぎるときもあります。そのようなときには，組合せの公式を使います。

《定義》

異なる n 個から，重複なく k 個を選び出す場合の数は，

$$_n\mathrm{C}_k = \frac{n \cdot (n-1) \cdot \cdots \cdot (n-k+1)}{1 \cdot 2 \cdot \cdots \cdot (k-1) \cdot k}$$

公式は一見すると難しそうに見えますが，使い方は簡単です。まずはトランプを使った例題を考えてみましょう。

● 例題

トランプには，4つの柄（♡・◇・♠・♣）がそれぞれ1〜13まで1枚ずつ，合計52枚のカードがあります。トランプの山から同時に5枚引いたとき，5枚とも♡である場合は何通りか求めなさい。

♡は全部で13枚あり，このうちの5枚を組み合わせる場合の数ですから，$_{13}\mathrm{C}_5$で求められます。公式の n に13，k に5を代入してみましょう。

$$_{13}\mathrm{C}_5 = \frac{13 \cdot (13-1) \cdot \cdots \cdot (13-5+1)}{1 \cdot 2 \cdot \cdots \cdot (5-1) \cdot 5} = \frac{13 \cdot 12 \cdot 11 \cdot 10 \cdot 9}{1 \cdot 2 \cdot 3 \cdot 4 \cdot 5} = 1287 \quad \cdots (4.1.1)$$

$_{13}\mathrm{C}_5 = 1287$（通り）と求めることができました。書き出すのには少々多すぎますね。公式に数字を代入してみると，分母では1から順に k まで，分子では n

4-1 確率とは？ 109

から順に 1 ずつ減らして k 個，それぞれ数字を並べて，掛け算をしています。文字式だと難しそうに見えますが，数字になると簡単ですね。

また，全ての場合の確率を足し合わせると 1（100%）になることを利用して，直接求めることが難しい確率を簡単に求めることができます。このとき，**「事象 A が起きない」という事象**，事象 A の余事象を使います。A の余事象は，否定を表す「 ¯ 」を付けて $\bar{A}$ と表現します。

《公式》

事象 A が起きる確率が P のとき，事象 A の余事象 $\bar{A}$ の発生確率は，

$$P(\bar{A}) = 1 - P$$

さて，この余事象を考えるため，次の例題を考えましょう。

➲ 例題

52 枚のトランプの山から同時に 4 枚のカードを引いたとき，少なくとも 1 枚がスペード（♠）である確率を求めなさい。

この問題を考えるとき，全ての事象を数え上げようとすると，♠ の数が 1 枚の場合，2 枚の場合，3 枚の場合，4 枚の場合を別々に数える必要があり，大変です。そこで，この事象の余事象，すなわち ♠ が 1 枚も含まれない，という事象を考えてみます。そうすると，

$$1 - \frac{_{39}\mathrm{C}_4}{_{52}\mathrm{C}_4}$$

を求めればよいのです。これを計算すると，答えは $\dfrac{14498}{20825}$（≒ 69.6%）となります。3 回に 2 回以上は，♠ が必ず含まれるということになりますね。

より複雑な事象の確率を考えるときは，単純ないくつかの事象に切り分けて，それらの事象が合体したものだ，とすることで，計算ができるようになります。複数の事象の組合せを数式で表現して，複合的な事象の確率を求める公式は，以下のような確率の掛け算と足し算（引き算）になります。

《公式》
事象 A と事象 B が同時に発生する事象：$A \cap B$ (A and B)
事象 A と事象 B のいずれかが発生する事象：$A \cup B$ (A or B)

$$P(A \cap B) = P(A)P(B), \quad P(A \cup B) = P(A) + P(B) - P(A \cap B)$$

初めはなじみが薄いかもしれませんが，$A \overset{かつ}{\cap} B$，$A \overset{または}{\cup} B$ というように記号を読むくせをつけておくと次第に直感的に扱えるようになるはずです。さて，この事象の関係は，図式化することもできます。図式化すると，それぞれの事象の関係が直感的に分かります。以下のような図はベン図と呼ばれます。

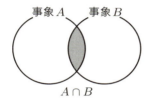 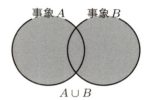

図 4.1.2　ベン図の表現方法

● 例題

52枚のトランプの山から同時に5枚のカードを引き，その後，元に戻します。次にもう一度シャッフルし，同時に5枚のカードを引きます。このとき，2回連続で5枚とも♡の柄，もしくは◇の柄となる確率を求めなさい。

まず，5枚とも♡または◇となる，という事象を A とします。このとき，A は以下のように表現できます。

$$A = (5枚とも♡となる) \cup (5枚とも◇となる)$$

5枚とも♡である場合の数は，$_{13}C_5$ で求められました。全ての場合の数が

$_{52}\mathrm{C}_5$ ですから，5 枚とも ♡ となる事象の確率は，

$$P(5\text{枚とも ♡ となる}) = \frac{_{13}\mathrm{C}_5}{_{52}\mathrm{C}_5} = \frac{\frac{13\cdot 12\cdot 11\cdot 10\cdot 9}{1\cdot 2\cdot 3\cdot 4\cdot 5}}{\frac{52\cdot 51\cdot 50\cdot 49\cdot 48}{1\cdot 2\cdot 3\cdot 4\cdot 5}} = \frac{13\cdot 12\cdot 11\cdot 10\cdot 9}{52\cdot 51\cdot 50\cdot 49\cdot 48}$$
$$= \frac{33}{66640} \ (\fallingdotseq 0.0495\%) \quad \cdots (4.1.2)$$

と求めることができます。柄によって確率が違うことは考えられませんから，◇ においても同じになるはずです。そして，「5 枚とも ♡」と「5 枚とも ◇」が同時に起こることはあり得ません。そのため，事象 A の確率 $P(A)$ は次のように求められます。

$$P(A) = P(5\text{枚とも ♡}) + P(5\text{枚とも ◇}) - P((5\text{枚とも ♡}) \cap (5\text{枚とも ◇}))$$
$$= 2 \times P(5\text{枚とも ♡}) - 0 = \frac{33}{33320} \fallingdotseq 0.0990\% \quad \cdots (4.1.3)$$

さて，2 回とも 5 枚の柄が全て ♡ または全て ◇ になる事象 $A_{1\&2}$ は，1 回目に 5 枚とも柄が ♡ または ◇ になる事象 A_1，2 回目に 5 枚とも柄が ♡ または ◇ になる事象 A_2 によって，次のように表現されます。

$$A_{1\&2} = A_1 \cap A_2 \quad \cdots (4.1.4)$$

何回目であろうと 5 枚の柄が全て同じである確率 $P(A)$ は一定ですから，確率 $P(A_{1\&2})$ は，以下のように求められます。

$$P(A_{1\&2}) = P(A_1)P(A_2) = \left(\frac{33}{33320}\right)^2 \ (\fallingdotseq 0.0000981\%) \quad \cdots (4.1.5)$$

● 人工知能ではこう使われる！

- 偶然性のある現実世界の現象を表現するために，確率は不可欠です。
- 人工知能の状況判断の一つの方法として，最も正解に至る確率が高い選択肢を正解として選ぶことがあります。

> **演習問題**

4-1 天気を「晴れ」「雨」「くもり」に分類します。同じ天気が連続する確率は 60%，天気が変わる確率は 40% です。また，天気が変わるとき，「晴れ」から「くもり」，「雨」から「くもり」，「くもり」から「晴れ」に変わる確率はそれぞれ 70% です。今日が「晴れ」のとき，以下の問に答えなさい。

❶ 明後日が「雨」となる確率を求めなさい。

❷ 石川さんは「晴れ」のときは 80% の確率で，「くもり」のときは 40% の確率でジョギングし，「雨」のときはジョギングをしません。石川さんが今日と明日連続してジョギングする確率を求めなさい。

> **解答・解説**

3つの天気は，確率的に移り変わります。今日が晴れのとき，次の日の天気とその確率は，以下のようになります。

・晴れ→晴れ：60%
・晴れ→くもり：40% × 70% = 28%
・晴れ→雨：40% × 30% = 12%

同様に，くもり・雨の場合についても

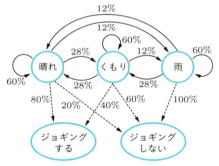

考え，ジョギングをするかしないかの確率も含めて図にまとめると，上図のようになります。これは状態遷移図と呼ばれます。

❶ 60% × 12% + 28% × 12% + 12% × 60% = 17.76%　…（答）

　　晴れ→晴れ→雨　　晴れ→くもり→雨　　晴れ→雨→雨

❷ 状態遷移図より，

80% × (60% × 80% + 28% × 40%) = 47.36%　…（答）

　晴れの日にジョギングをし，翌日は晴れとくもりの場合を考えます。

SECTION 4-2 確率変数と確率分布

> **押さえる ポイント** ☑️ **確率変数**と**確率分布**の関係を理解する。

　サイコロの目は1〜6まであり，基本的にはすべての目が等しく $\frac{1}{6}$ の確率で出ます。このように，ある変数 X（サイコロの目）が確率 $P(X)$ で得られる場合，この X を**確率変数**といいます。そして，サイコロの目や試行回数といった**飛び飛びの値を取る確率変数を，離散型確率変数**と呼びます。**離散型でないものは連続型確率変数**と呼ばれ，身長や体重，経過時間など，値が小数点以下まで続くものがあります。

　さて，サイコロを1回振ったときの目を確率変数 X_1 とすると，$X_1 \in \{1, 2, 3, 4, 5, 6\}$ となり，その確率 $P(X_1)$ は常に $\frac{1}{6}$ です。では，2回振ったときの目の合計を確率変数 X_2 とすると，どうでしょう。$X_2 \in \{2, 3, 4, \cdots, 11, 12\}$ となります。例えば $P(X_2 = 2)$ を考えると，1の目が連続して出る確率ですから，$P(X_2 = 2) = \frac{1}{36}$ となります。一方，$P(X_2 = 4)$ を考えると，$(1, 3), (2, 2), (3, 1)$ という3通りが考えられますから，$P(X_2 = 4) = \frac{3}{36} = \frac{1}{12}$ となります。このように，確率変数の値によって，確率が違うこともあるのです。

　このような，離散型確率変数によって変わる確率を全ての確率変数についてまとめたものを，**離散確率分布**と呼びます。

《定義》

　ある事象が離散型確率変数 X を取るときの確率 P は，ある離散確率分布 $f(x)$ に従う。

$$P(X) = f(x)$$

さて，離散型確率変数 X と，離散確率分布 $f(x)$ について具体例で考えてみましょう。

前出のサイコロを 2 個振った場合の目の合計 X_2 を確率変数としたときの，確率分布 $f(x)$ を考えます。$f(x)$ は，飛び飛びの値（**離散値**）に対応して，飛び飛びの値を取りますから，以下のように表にすることで表現できます。

表 4.2.1　サイコロを 2 個振ったときの目の和とその確率

X_2	2	3	4	5	6	7	8	9	10	11	12
$P(X_2)$	$\frac{1}{36}$	$\frac{2}{36}$	$\frac{3}{36}$	$\frac{4}{36}$	$\frac{5}{36}$	$\frac{6}{36}$	$\frac{5}{36}$	$\frac{4}{36}$	$\frac{3}{36}$	$\frac{2}{36}$	$\frac{1}{36}$

より分かりやすく表現する方法として，**ヒストグラム**（度数分布図，柱状グラフ）が用いられます。

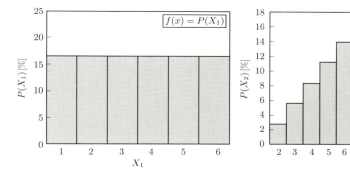

図 4.2.1　サイコロを振ったときのヒストグラム

ヒストグラムで見ると，離散確率分布の形状はサイコロが 1 個のときは平坦，2 個のときは三角形になりました。ところでサイコロの個数を増やしていくとどのように変化するか，気になりませんか。

詳しい計算は省きますが，サイコロを 3 個，5 個，10 個，…と増やしていくと，離散確率分布は，**ベル・カーブ**（あるいは釣鐘型）と呼ばれる特徴的な形に近づいていくことが分かります。試行を ∞ 回にした場合の極限では，このベル・カーブは**正規分布**と呼ばれ，4-5 で扱う「平均・分散・共分散」などさまざまな場面で活躍します。

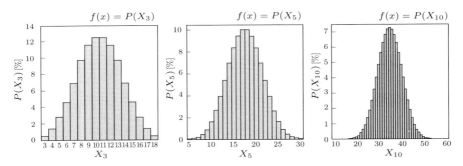

図 4.2.2　サイコロを振ったときのヒストグラム（正規分布）

さて，確率変数が飛び飛びの値（離散値）を取る場合の確率分布，離散確率分布のイメージはついたでしょうか．次は，確率変数が連続値の場合の確率分布，連続確率分布について考えます．

> 《定義》
> ある事象が連続型確率変数 X を取るときの確率 P は，X に有限の範囲を与えたとき，ある連続確率分布 $f(x)$ の区間積分値 になる．
>
> $$P(a \leqq X \leqq b) = \int_a^b f(x)dx$$

言い回しは難しいですが，具体例を考えれば難しくありません．例えば，日本人の成人男性の身長が図 4.2.3 に示すような連続確率分布 $f(x) = P(H)$ で決定することが分かっていると仮定しましょう．ある日本人の成人男性の身長が $H = 173\,\mathrm{cm}$ になる確率を求めることを考えます．

H は連続型確率変数ですから，全ての実数値を取ることができます．ということは，173 cm というのは，厳密に測ると 173.01 cm かもしれないし，173.000001 cm かもしれないし，172.9999999 cm かもしれないのです．このように，**H が連続であるがゆえに，H をいくらでも細かく取れる**ため，連続型確率

[*1] $\int_a^b f(x)dx$ が積分の記号を示しており，この数式は「関数 $f(x)$ のうち，$a \leqq x \leqq b$ の範囲の符号付き面積」という意味を表しています．符号付き面積とは，$y = f(x)$ を仮定するとき，$y < 0$ の範囲の面積は負の面積ということです．本書では詳しい積分の計算方法は扱いませんが，積分とは，関数と指定された軸で囲まれる範囲の面積を求めるものだ，と押さえられれば OK です．

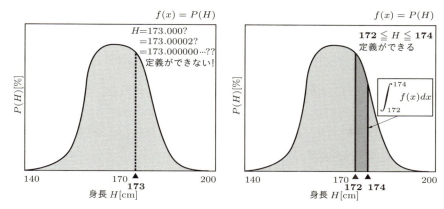

図 4.2.3 連続型確率変数

変数を「$H = 173\,\mathrm{cm}$」というように**ある数値で定義することはできない**のです。

そこで,「$172\,\mathrm{cm}$ 以上,$174\,\mathrm{cm}$ 以下」というように,範囲で指定します。こうすれば,どのような H であっても範囲に入るか,入らないかを明確に区別できるため,確率 $P(H)$ を定義することができます。このとき,確率 $P(H)$ は,図 4.2.3 の指定された範囲の網掛け部分の面積になります,というのが公式の意味です。

なお,釣鐘型の網掛け部分全体の面積は 1 です。

離散型確率変数,および離散確率分布は,有限回の試行を繰り返し行った場合の確率や,計測される値を表現する場合に用いるため,基本的に「確率」といわれる場合,皆さんが想像するのはこちらになるはずです。一方,連続型確率変数,および連続確率分布は,上に示した通り,そもそも 1 つの値を定めることができないのですから,どのような場合に使うのか分かりにくいと思います。

連続型確率分布には,正規分布,指数分布,スチューデントの t 分布,パレート分布,ロジスティック分布などなど代表的な分布が存在します。どのような離散確率分布も,無限回繰り返すと,いずれかの分布に収束することがほとんどです。「きっとこの確率分布が発生するに違いない」と仮定した上で用いることで,**仮定がおおむね正しい限り,少ない試行回数から ∞ 回の場合の確率分布を推測することができる**のです。この推測こそが,「統計」と呼ばれる分野の真髄です。

ここでそれぞれを詳細に述べることは避けますが,これらの代表的なものの名前を見たときに,「連続型」なので「範囲はどう決めるのか」が大切で,「なぜこ

の分布なのか」をはっきりする，ということが分かれば OK です。

人工知能ではこう使われる！

- 観測結果を離散型確率変数として捉え，離散確率分布を得ることで，次に起きる事象の確率を過去のデータから推測することができます。
- 適切な連続確率分布を与えることで，少ない試行回数から，将来起きる事象の確率を高精度で推測できます。

演習問題

4-2 サイコロを1つ投げ，1の目が出たら成功とし，成功するまで投げ続けます。

① x 回目に成功したとします。$x = 3$ となる確率を求めなさい。

② $x = 6$ まで計算し，確率分布をヒストグラムに記しなさい。

解答・解説

① 1回目，2回目は失敗し，3回目に成功する確率は，

$$\left(\frac{5}{6}\right)^2 \times \frac{1}{6} = \frac{25}{216} \quad \cdots \text{（答）}$$

② この場合を発展させると，x 回目に初めて成功する確率は $P_x = \left(\frac{5}{6}\right)^{x-1} \times \frac{1}{6} = \frac{5^{x-1}}{6^x}$ と表すことができます。

$x = 6$ まで計算をした確率分布を表にまとめると以下のようになり，ヒストグラムは右図のようになります。

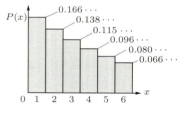

x	1	2	3	4	5	6
$P(x)$	$\frac{1}{6} = 0.166\cdots$	$\frac{5}{36} = 0.138\cdots$	$\frac{25}{216} = 0.115\cdots$	$\frac{5^3}{6^4} = 0.096\cdots$	$\frac{5^4}{6^5} = 0.080\cdots$	$\frac{5^5}{6^6} = 0.066\cdots$

SECTION 4-3 結合確率と条件付き確率

> **押さえる ポイント**
> - ☑ 条件付き確率と結合確率の違いを理解する。
> - ☑ 条件付き確率の表現の仕方を理解する。

まず，結合確率と条件付き確率の公式をみてみましょう。

《公式》

事象 A と事象 B が独立である場合，事象 A と事象 B の結合確率（同時に発生する確率）は，

$$P(A \cap B) = P(A, B) = P(A)P(B)$$

《定義》

事象 B が起きたときに事象 A が発生する条件付き確率は，

$$P(A|B) = \frac{P(A \cap B)}{P(B)}$$

結合確率は独立な事象 A と事象 B が同時に発生する確率であり，条件付き確率は，事象 B を前提とした事象 A の確率です。（事象 B が起きた後に，事象 A が発生する確率ともいえます。）この2つの違いを例題で確認しましょう。

➡ 例題

1つのサイコロを2回投げることを考えます。このとき，事象 A をサイコロを振って出た目を足した数が8以上になる事象，事象 B を1回目にサイコロを振って出た目が5だった事象とします。このとき，結合確率 $P(A, B)$ と条件付き確率 $P(A \mid B)$ を求めなさい。

まずは結合確率 $P(A, B)$ を求めてみましょう。このとき，$P(A, B)$ は，「1 回目に 5 の目が出て，2 回目に 3 以上の目が出る確率」と言い換えることができるので，$\frac{1}{6} \times \frac{4}{6} = \frac{1}{9}$ となります。次に，条件付き確率 $P(A \mid B)$ を求めてみましょう。$P(B)$ は，「1 回目にサイコロを振って出た目が 5 だった事象」なので，確率は $\frac{1}{6}$ ですね。そのため，定義より，$\frac{\frac{1}{9}}{\frac{1}{6}} = \frac{2}{3}$ と計算できます。

今回扱った問題は単純なので，定義を用いた計算をしなくても，直感的に条件付き確率が求められるかもしれません。しかし，次のような例題の場合は，注意して計算をしないと重大な誤解を生んでしまいます。

● 例題

ある病気は，100 万人に 5 人の割合で発生します。この病気かどうかを検査する最新の AI は，精度 99.99%（0.01% の確率で誤判定をする）で検査できます。石川さんは試しに AI 検査を受診しました。結果が陽性のとき，石川さんが実際に病気にかかっている確率はいくらですか。

「もちろん検査結果が陽性なら，精度が 99.99% だから，患者である確率は 99.99% だ！」という主張は，一見正しそうに見えます。しかし，これは条件付き確率（AI が**陽性と判定したときの**病気である確率）と結合確率（AI が**陽性と判定し，かつ病気である**確率）を勘違いしている主張であり，完全な誤りです。文章から読み取る場合，注意深く観察する必要があります。ここで，例題中に示された事象を整理してみます。

事象 A：ある病気の患者である。$P(A) = 0.000005 = 5 \times 10^{-6}$

事象 B：AI が誤判定。$P(B) = 0.0001 = 1 \times 10^{-4}$

事象 C：AI が陽性と判定する。

最終的に求めたい確率は，「AI が陽性判定した後，病気である確率」ですから，$P(A|C)$ です。決して，「AI が陽性判定 $\overset{かつ}{\cap}$ 病気である確率」と混同してはいけません。前者の前提条件には，「AI が（誤って）陽性判定した後」という場合があり得るのです。

さて，公式に照らせば，$P(A|C)$ を計算するには $P(A \cap C)$，$P(C)$ を求めなけ

ればなりません。$P(A \cap C)$ は，言葉に直せば，「AI が陽性判定 $\cap$ 病気である」ということで，言い換えれば，病気 $\cap$ AI が正解，ということになりますね。したがって，以下の通り計算されます。

$$P(A \cap C) = P(A) \cdot P(\overline{B}) = 5 \times 10^{-6} \cdot (1 - 1 \times 10^{-4}) = 4.9995 \times 10^{-6} \quad \cdots (4.3.1)$$

$P(C)$ について，検査の結果が陽性になる場合は，病気 $\cap$ AI が正解の場合，そして病気でない $\cap$ AI が誤判定の場合の 2 通りが考えられるため，

$$
\begin{aligned}
P(C) &= P(A \cap \overline{B}) + P(\overline{A} \cap B) \\
&= 5 \times 10^{-6} \cdot (1 - 1 \times 10^{-4}) + (1 - 5 \times 10^{-6}) \cdot 10^{-4} \\
&= 5 \times 10^{-6} - 5 \times 10^{-10} + 1 \times 10^{-4} - 5 \times 10^{-10} \\
&= 1.04999 \times 10^{-4} \quad \cdots (4.3.2)
\end{aligned}
$$

と求められます。従って，確率 $P(A|C)$ は次の通り求められます。

$$P(A|C) = \frac{P(A \cap C)}{P(C)} = \frac{4.9995 \times 10^{-6}}{1.04999 \times 10^{-4}} = 4.7614\cdots \times 10^{-2} \quad \cdots (4.3.3)$$

なんと，AI 検査が陽性であっても，石川さんが病気の患者である確率はわずか 4.76% なのです。99.99% の精度といわれると，検査結果もとても正しいように思えてしまいますが，もともとの患者発生率が小さいため，仮に陽性になったとしても，まだまだ発症している確率は小さいのです。

❯ 人工知能ではこう使われる！

- 例題で確認した通り，予測モデルの精度や正確性を表す方法はさまざまあり，目的によって指標を選択する必要があります。
- 人工知能モデルの正確性を表現するために，精度（適合率；Precision），再現率（Recall），F 値などといった指標が使われる場合が多いです。

演習問題

4-3 例題の結果から，精度が高い AI 検査であっても，発生頻度の低い病気の検査は難しいことが分かりました。一般に精度を高めることは難しいため，陽性が出た対象者に再検査をすることで，精度を高めることを考えます。石川さんの再検査の結果は，陽性でした。このとき，この病気の患者である確率はいくらか求めなさい。ただし，再検査の精度は 1 回目の AI 検査と変わらないものとします。

解答・解説

事象を整理すると，以下のようになります。

A：ある病気の患者である。$P(A) = 5 \times 10^{-6}$

B_2：AI が 2 回連続で誤判定。$P(B_2) = (1 \times 10^{-4})^2 = 1 \times 10^{-8}$

B_2^*：AI が 2 回連続で正解。$P(B_2^*) = (0.9999)^2$ ←┈┈ $\overline{B_2}$ の中には，AI が 1 回目あるいは 2 回目のみ正解する場合が含まれており，B_2^* の言い換えとしては不適。

C_2：AI が 2 回連続で陽性判定。

例題と同様に考えて，

$$P(A \cap C_2) = P(A) \cdot P(B_2^*) = 5 \times 9.999^2 \times 10^{-8}$$

$$P(C_2) = P(A \cap B_2^*) + P(\overline{A} \cap B_2)$$

$$= 5 \times 9.999^2 \times 10^{-8} + (1 - 5 \times 10^{-6}) \times 10^{-8}$$

$$= (5 \times 9.999^2 + 1) \times 10^{-8} - 5 \times 10^{-14}$$

$$P(A|C_2) = \frac{P(A \cap C_2)}{P(C_2)} = \frac{5 \times 9.999^2 \times 10^{-8}}{(5 \times 9.999^2 + 1) \times 10^{-8} - 5 \times 10^{-14}}$$

$$= \frac{4.999}{5.009 - 5 \times 10^{-8}} \fallingdotseq 0.9980$$

約 99.8% …（答）

なお，5×10^{-8} の項を無視しても同様の答えとなります。

122

SECTION 4-4 期待値

押さえる ポイント

- ☑ 離散確率分布の**期待値**の計算方法を理解する。
- ☑ 離散型だけでなく，連続型確率変数の場合にも 期待値が計算できることを知る。

期待値は，平たくいえば「見込み」の値です。X が確率変数で，確率 $P(X)$ の 事象を行うときに見込まれる値が，期待値です。

《定義》

全ての離散型確率変数 X（確率は $P(X)$）に対して，期待値 $E(X)$ は，

$$E(X) = \sum P(X)X$$

《公式》

X, Y をそれぞれ独立な確率変数，k を定数としたとき，以下の式が成り 立つ。

(1) $E(k) = k$（定数の期待値は定数になる）

(2) $E(kX) = kE(X)$

  （確率変数を定数倍すると期待値も定数倍される）

(3) $E(X + Y) = E(X) + E(Y)$

  （確率変数の和の期待値は，期待値の和に等しい）

(4) X と Y が独立の時，$E(XY) = E(X)E(Y)$

  （独立な確率変数の積の期待値は，期待値の積に等しい）

さて，この公式を理解するため，下記の例題を考えてみましょう。

➡ 例題

1 等 1 億円 × 1 本，2 等 100 万円 × 10 本，3 等 1 万円 × 1000 本が当たる宝くじがあるとします。この宝くじの総販売本数が 100 万本のとき，この宝くじを買ったときの当せん金の期待値はいくらですか。

このとき，確率変数 X と，その発生確率を $P(X)$ としたとき，離散確率分布は以下の表の通りになります。

表 4.4.1　離散確率分布

X	100,000,000	1,000,000	10,000	0
$P(X)$	$\frac{1}{1,000,000}$	$\frac{10}{1,000,000}$	$\frac{1,000}{1,000,000}$	（余事象の確率）

期待値 E は，対応する確率変数 X と，その発生確率 $P(X)$ を掛け合わせ，その全てを足し合わせたものです。従って，

$$E = \frac{100,000,000 \times 1}{1,000,000} + \frac{1,000,000 \times 10}{1,000,000} + \frac{10,000 \times 1000}{1,000,000} + 0$$
$$= 100 + 10 + 10 = 120 \quad \cdots (4.4.1)$$

と求めることができます。

この期待値 $E = 120$ の意味は，この宝くじを 1 枚買ったときに見込まれる当せん金額が，120 円である，ということです。実際に 120 円が当せんすることはあり得ませんが，平均するとこの金額になるはずだ，というのが期待値です。

演習問題

4-4 サイコロを 2 個振り，出た目の和を X，積を Y とします。

❶ X の離散確率分布を表にまとめなさい。

❷ 期待値 $E(X)$ を求めなさい。

❸ Y の離散確率分布を表にまとめなさい。

❹ 期待値 $E(Y)$ を求めなさい。

....

解答・解説

❶

X	2	3	4	5	6	7	8	9	10	11	12
$P(X)$	$\frac{1}{36}$	$\frac{2}{36}$	$\frac{3}{36}$	$\frac{4}{36}$	$\frac{5}{36}$	$\frac{6}{36}$	$\frac{5}{36}$	$\frac{4}{36}$	$\frac{3}{36}$	$\frac{2}{36}$	$\frac{1}{36}$

❷ **❶**の表から $\sum X \cdot P(X)$ を逐一計算することでも求められますが，ここでは期待値の公式を活用します。

サイコロ 1 個の目の期待値 E_1 は，

$$E_1 = \frac{1}{6}(1 + 2 + 3 + 4 + 5 + 6) = \frac{7}{2}$$

サイコロ 2 個の目の和の期待値は，$E_1 + E_1 = 7$ … （答）

❸

Y	1	2	3	4	5	6	8	9	10	12	15	16	18	20	24	25	30	36
$P(Y)$	$\frac{1}{36}$	$\frac{2}{36}$	$\frac{2}{36}$	$\frac{3}{36}$	$\frac{2}{36}$	$\frac{4}{36}$	$\frac{2}{36}$	$\frac{1}{36}$	$\frac{2}{36}$	$\frac{4}{36}$	$\frac{2}{36}$	$\frac{1}{36}$	$\frac{2}{36}$	$\frac{2}{36}$	$\frac{2}{36}$	$\frac{1}{36}$	$\frac{2}{36}$	$\frac{1}{36}$

❹ 公式の (4) より，$E_1{}^2 = \frac{49}{4}$ … （答）

SECTION 4-5 平均・分散・共分散

押さえる
ポイント

☑ 平均と期待値が等価であることを知る。
☑ 分散・共分散の計算方法を理解する。

ここからは，確率・統計のうちの「統計」に分類される分野です。ここでも，例題を考えて具体的な内容について触れていきましょう。

➲ 例題

あなたは架空の EC サイト「Mamazon.com」の売上データを分析することになり，顧客データ表 4.5.1 を与えられました。このとき，来月（7 月）の売上を推定しなさい。

表 4.5.1　Mamazon.com 売上データ—2018 上半期

顧客名	1月	2月	3月	4月	5月	6月	小計
佐藤さん	¥5,000	¥5,000	¥5,000	¥5,000	¥5,000	¥5,000	¥30,000
松井さん	¥10,000	¥3,000	¥1,000	¥1,000	¥15,000	¥0	¥30,000
山田さん	¥3,000	¥7,000	¥2,000	¥8,000	¥4,000	¥6,000	¥30,000

このとき，一番初めに思いつくのは，過去 6 カ月間の売上から，1 カ月当たりの売上として期待される値を求める方法でしょうか。これまで 6 カ月間の売上を合計すると，90,000 円ですから，1 カ月当たりにすると，15,000 円になります。これは，皆さんご存じの平均の考え方ですね。

なお，平均は，数学的には確率で出てきた期待値と等価です。「過去 6 カ月間の売上平均が，翌月の売上見込である」というのは，確率の問題風に言い換えれば，「6 個の確率変数（毎月の売上）が，それぞれ同様な確率（つまり $\frac{1}{6}$）で発生

するため，1カ月の売上の期待値は各月の売上に $\frac{1}{6}$ を掛けたものの合計である」ということになります。

《定義》
n 個の確率変数がそれぞれ $x_1, x_2, \cdots, x_n$ という値を取るとき，平均値 $\bar{x}$ は，

$$\bar{x} = \sum_{k=1}^{n} \frac{1}{n} \cdot x_k = \frac{1}{n} \sum_{k=1}^{n} x_k$$

さて，平均値を使えば問題は解決といえるのでしょうか。過去6カ月間，月間売上は8,000円から24,000円まで，さまざまな値を取っています。3人の顧客からの売上は，それぞれ異なるパターンで変動しています。翌月7月が平均値である15,000円を取る保証はどこにもありませんし，どの程度平均値からばらつきがあるのかがまったく分かりません。

そこで，ばらつき具合いを表現することを考えます。まずは，平均値からの差，偏差に注目してみましょう。データから，いずれの顧客も6カ月間の売上合計は30,000円ですから，平均売上は5,000円になります。偏差は，各月の値から平均値を引くことで求められます。

表 4.5.2　Mamazon.com 売上データ―2018 上半期（偏差）

顧客名	平均売上	1月	2月	3月	4月	5月	6月	偏差合計
佐藤さん	¥5,000	¥0	¥0	¥0	¥0	¥0	¥0	¥0
松井さん	¥5,000	¥5,000	−¥2,000	−¥4,000	−¥4,000	¥10,000	−¥5,000	¥0
山田さん	¥5,000	−¥2,000	¥2,000	−¥3,000	¥3,000	−¥1,000	¥1,000	¥0

このように偏差で見ると，顧客別に毎月どのくらい売上にばらつきがあるかが分かりました。しかし，困ったことに，偏差の合計は0になってしまっています。これは，**偏差が平均値を中心に計算されるため，（＋）方向のばらつきと（−）方向のばらつきが打ち消し合ってしまうため**です。これでは，売上のばらつき具合が分かりません。

ここで，分散（Variance）というものを導入します。前述した通り，偏差は（＋）

4-5　平均・分散・共分散　127

と $(-)$ の両方向にあるために合計が 0 になってしまいます。そこで偏差の $(+)$ と $(-)$ を無効化し，ばらつきの大きさを表現するために，偏差を 2 乗してから足し合わせ，平均をとったものが分散 σ^2 です。ただし，このままだと 2 乗をしているので単位がおかしくなってしまいます（この売上の例でいえば，$\sigma^2 = 10000\,[\yen^2]$ となってしまいます）。分散 σ^2 の平方根をとると，意味のある単位を持った σ が得られます。これは，標 準 偏 差（SD; Standard deviation）と呼ばれます。

《定義》

　n 個の確率変数がそれぞれ $x_1, x_2, \cdots, x_n$ という値を取り，平均値が $\bar{x}$ のとき，分散 σ^2 は，

$$\sigma^2 = \frac{1}{n}\sum_{k=1}^{n}(x_k - \bar{x})^2$$

標準偏差 σ は，

$$\sigma = \sqrt{\sigma^2} = \sqrt{\frac{1}{n}\sum_{k=1}^{n}(x_k - \bar{x})^2}$$

表 4.5.3　Mamazon.com 売上データ—2018 上半期（分散，標準偏差）

顧客名	平均売上	分散 σ^2	標準偏差 σ
佐藤さん	¥5,000	0 [¥²]	¥0
松井さん	¥5,000	31,000,000 [¥²]	¥5,568
山田さん	¥5,000	4,666,667 [¥²]	¥2,160

　Mamazon.com の売上データから，分散，標準偏差を計算してみると，表 4.5.3 のようになります。松井さんの標準偏差が最も大きく¥5,568 となっており，佐藤さんの標準偏差は¥0，すなわちまったくばらつきがない，ということが分かりました。分散，標準偏差を使って，ばらつきの大きさを表現できました。基本的には，この平均と分散（標準偏差）を使って，データの傾向を表現します。

　ちなみにここから標準偏差 σ の性質を用いると，「7 月の売上見込みは（ばらつきがランダムに発生する場合＝正規分布だと仮定する場合は），約 68% で¥5,000±1σ になる」ということができます。したがって，例えば松井さんからは

5 月に 15,000 円の売上が上がっていますが，このように ¥5,000 ＋ 1σ ＝ ¥10,568 を超える売上が上がる確率は約 16% しかないことが分かるのです。なぜそうなるのか気になる方は，後述のコラムを読んでみてください。

さて，Mamazon.com はもっと多数の顧客を抱える EC サイトです。これまで見てきた 3 人の売上は，巨大なデータベースのごく一部です。ここで第 2 の質問です。この 3 人の中で，全体の月次売上に連動した行動を取る傾向のある，トレンドに乗りやすい顧客は誰でしょうか。

表 4.5.4　Mamazon.com 売上データ—2018 上半期

顧客名	1月	2月	3月	4月	5月	6月	小計
佐藤さん	¥5,000	¥5,000	¥5,000	¥5,000	¥5,000	¥5,000	¥30,000
松井さん	¥10,000	¥3,000	¥1,000	¥1,000	¥15,000	¥0	¥30,000
山田さん	¥3,000	¥7,000	¥2,000	¥8,000	¥4,000	¥6,000	¥30,000
⋮	⋮	⋮	⋮	⋮	⋮	⋮	⋮
月次小計	¥25 百万	¥40 百万	¥20 百万	¥55 百万	¥35 百万	¥45 百万	¥220 百万

以上のように，Mamazon.com 全体の月次売上が与えられました。これと，3 人それぞれの月次売上の相関がどの程度あるかを調べるためには，**共分散 (Covariance)** を使います。

《公式》
2 つの対応する n 組の確率変数 $(X, Y) = \{(x_1, y_1), (x_2, y_2), \cdots, (x_n, y_n)\}$ があるとする。

X, Y の平均をそれぞれ μ_x, μ_y とするとき，共分散 $\mathrm{Cov}(X, Y)$ は，

$$\mathrm{Cov}(X, Y) = \frac{1}{n} \sum_{k=1}^{n} (x_k - \mu_x)(y_k - \mu_y)$$

公式を使うためには，まず 2 つの対応するものを決める必要があります。ここでは例として，松井さんの売上と，月次小計の 2 つで試してみます。

公式を読み解くと，それぞれの月ごとに，2 つのデータについて，それぞれ偏

差（平均値との差）を計算して掛け合わせること，そしてそれを全月分足し合わせて，月数で割って平均化すること，という2つの計算をすればよいことが分かります。

実際に計算してみると，月次小計の平均が $36.66\cdots$ 百万円であることを踏まえると，

$$\mathrm{Cov}\big((\text{松井さん売上}),(\text{月次小計})\big)$$
$$= \frac{1}{6}\big((10000-5000)\times(25-36.66\cdots)$$
$$+ (3000-5000)\times(40-36.66\cdots)+\cdots\big)$$
$$= -21667 \quad \cdots (4.5.1)$$

となることが分かります。ちなみに，共分散の計算においては，単位について特に考える必要はありません。そのため，単位が異なるもの（例えば身長と体重）の間の共分散を計算することも可能です。

松井さんだけでなく，佐藤さん，山田さんの売上についても，月次小計との共分散を求めてみると，以下の表のようになります。

共分散の計算結果は，正も負も取り得ます。共分散が正の値を取れば，2つの値に正の関係があり，負の値を取る場合は，負の関係があることを示しています。正の関係とは，片方が増えるとき，もう一方も増える，といった関係，負の関係とは，片方が増えると，もう一方は減るような関係です。つまり，表4.5.5より，松井さんは負の関係の傾向（＝全体の売上の調子が良いときに，松井さんの売上の調子は悪い傾向）があり，山田さんは正の関係の傾向（＝全体の売上の調子が良いときに，山田さんの売上の調子も良い傾向）があると分かります。

ただし，共分散の絶対値が大きいからといって，その正や負の関係が強いと言

表 4.5.5　Mamazon.com 売上データ—2018 上半期（分散，標準偏差，共分散）

顧客名	平均売上	分散 σ^2	標準偏差 σ	月次小計との共分散
佐藤さん	￥5,000	0	￥0	0
松井さん	￥5,000	31,000,000	￥5,568	$-21,667$
山田さん	￥5,000	4,666,667	￥2,160	24,167
月次小計	￥36.66…百万	138.89	￥11.78…百万	—

い切ることはできません。正や負の関係の強さは，共分散と分散から計算できる相関係数（次の SECTION で述べます）で比較する必要があります。

> ● 人工知能ではこう使われる！

・平均・分散・標準偏差は，過去のデータから特徴や傾向を明らかにする最も基本的な方法で，人工知能モデルを組む前に，データの特徴を把握するために用いられます。

演習問題

4-5 ここは営業部です。営業成績が良い社員の特徴を明らかにするために，4人の従業員を抽出し，以下の5つの指標を表にまとめました。
A. ペーパーテストから割り出した10点満点の営業マン適正指数
B. 上司からの評価点（10点満点）
C. 残業時間（月平均）
D. 勤続年数
E. 営業スコア（契約件数と契約単価から計算されるもので，大きい方が成績が良い）

	A. 適正指数	B. 上司評価	C. 残業時間	D. 勤続年数	E. 営業スコア
青木さん	9.0	9.0	20	6	100
別所さん	10.0	9.5	35	8	90
千代田さん	8.0	7.0	5	9	75
出川さん	9.0	6.0	10	9	60

❶ 営業スコアと，その他4つの指標それぞれとの共分散を計算しなさい。
❷ 次の記述のうち，正しいといえるのはどれですか。1つ選びなさい。
（ア）適正指数と営業スコアには正の関係があるので，ペーパーテストの勉強を推奨すれば，営業スコアが上がるはずだ。
（イ）上司の評価と残業時間の場合，営業スコアとの共分散が大きいのは

4-5　平均・分散・共分散　131

残業時間のため，営業スコアを上げたい社員には，残業を推奨すべきである。

(ウ) 適正指数と上司の評価の場合，営業スコアとの共分散が大きいのは適正指数のため，上司の評価の方がペーパーテストよりも実態を反映している。

(エ) 勤続年数と営業スコアには負の関係があるが，なぜそうなるのかはデータからだけでは分からない。

....

解答・解説

❶ 共分散の計算に先立ち，平均値を計算します。営業スコアを p_i，勤続年数を q_i $(i = 1 \sim 4)$ としたときの，$\mathrm{Cov}(P, Q)$ を求めることを考えると，それぞれの平均値 μ_p, μ_q は，

$$\mu_p = \frac{1}{4}(100 + 90 + 75 + 60) = \frac{325}{4}, \quad \mu_q = \frac{1}{4}(6 + 8 + 9 + 9) = 8$$

となります。これらを用いて，

$$\begin{aligned}
\mathrm{Cov}(P, Q) &= \frac{1}{4} \sum_{i=1}^{4} (p_i - \mu_p)(q_i - \mu_q) \\
&= \frac{1}{4}\left\{ \left(100 - \frac{325}{4}\right) \cdot (6 - 8) + \left(90 - \frac{325}{4}\right) \cdot (8 - 8) + \cdots \right\} \\
&= -\frac{65}{4}
\end{aligned}$$

となります。同様に計算すると，営業スコアとの共分散は，それぞれ以下の通り求められます。

適正指数：$\frac{15}{4}$ (3.75)，上司評価：$\frac{645}{32}$ (20.16)，残業時間：$\frac{875}{8}$ (109.38)，勤続年数：$-\frac{65}{4}$ (−16.25) …（答）

❷ 正解は（エ）（ア）は，後半の記述が誤り。正の関係があっても，ペーパーテストの勉強が，直接営業スコアを上げるとはいえません。因果関係は，共分散（および相関係数）では説明できません。（イ）は，共分散を比較に用いており，誤り。（ウ）は，共分散を比較している上，大小関係が逆です。

COLUMN 標準偏差と偏差値 〜1σ, 2σ, 3σ〜

標準偏差 σ は，高校・大学入試などの成績に用いられる**偏差値 (Standard score)** に深く関わっています。テストは，問題の傾向や受験者のレベルとの兼ね合いによって，点数の意味が大きく変わります。そのため，例えば 100 点満点のテストを使って受験者の優劣を考えるとき，平均 60 点のときに 80 点を取った受験者と，平均 30 点のときに 60 点を取った受験者のどちらの方が優れているとみなすのか，という問題が出てきます。そこで，難しさや受験者の異なる試験同士での比較ができるように，偏差値を計算し，評価指標にしています。ここでは，ある人が平均 μ 点，標準偏差 σ 点のテストで x_i 点を取った場合の偏差値 X_i を求める式を示します。

$$X_i = \frac{10(x_i - \mu)}{\sigma} + 50$$

平均点を取った場合には，偏差値は 50 になります。偏差が $+\sigma$ になると偏差値 60，$+2\sigma$ になると偏差値が 70 になるようにできています。

さて，ここでもう少し偏差値の意味を深掘りしてみましょう。正規分布は，その平均を μ，分散を σ^2 とすると，以下の式で表されます。

$$f(x) = \frac{1}{\sqrt{2\pi\sigma^2}} \exp\left(-\frac{(x - \mu)^2}{2\sigma^2}\right)$$

そして正規分布では母集団のうち，$\mu \pm 1\sigma$ の範囲に約 68.27%，$\mu \pm 2\sigma$ の範囲に約 95.45%，$\mu \pm 3\sigma$ の範囲に約 99.73% のサンプルが含まれます。

そのため，「偏差値 60」の意味は，「受験者の点数分布がおおむね正規分布だと仮定できる場合，上位 15.865% に位置する」ということです。偏差値 70 という数字の意味，偏差値 80 の難しさが分かりますね。

4-5 平均・分散・共分散

SECTION 4-6 相関係数

押さえる ポイント

☑ 標準偏差，共分散から相関係数を求められるようになる。

☑ 相関係数を用いて，相関の強さを比較する。

引き続き，Mamazon.com のデータを扱っていきます。また新しい課題が与えられたようです。

➡ 例題

表 4.6.1 を使いながら，Mamazon.com 全体のさまざまなデータから，月次売上と関係性が深い指標を指摘しなさい。

表 4.6.1　Mamazon.com 運営データ—2018 上半期

データ種類	1月	2月	3月	4月	5月	6月	平均
収入の部							
月次売上	¥25 百万	¥40 百万	¥20 百万	¥55 百万	¥35 百万	¥45 百万	¥36.7 百万
支出の部							
商品仕入費用	¥20 百万	¥15 百万	¥30 百万	¥10 百万	¥15 百万	¥15 百万	¥17.5 百万
広告費	¥2 百万	¥1 百万	¥4 百万	¥3 百万	¥2 百万	¥2 百万	¥2.33 百万
計測データ							
PV（閲覧数）	180 万	270 万	160 万	620 万	320 万	390 万	323 万
決済回数	10,000	20,000	8,000	40,000	28,000	30,000	22,700
平均滞在時間	69 sec	88 sec	68 sec	180 sec	120 sec	77 sec	100 sec

※月次データは有効数字 2 桁，平均値は有効数字 3 桁とする。

今回は，Mamazon.com 全体に関わるデータから，どの値とどの値が関係ある
か（相関関係があるか）探してみましょう。相関関係は，前出の通り2つのデー
タを選び，共分散を計算することで求められます。全ての組合せを計算している
ときりがありませんから，目星をつけます。おそらく，月次の売上は，その月に
投下した広告費や，その月の PV 数とともに増減しているはずです。そこで月次
売上を R，広告費を A，PV を P として，共分散 $\mathrm{Cov}(R,A)$，$\mathrm{Cov}(R,P)$ を計算
してみましょう。共分散の計算においては単位を省略して構いませんから，数字
だけに注目し，表 4.6.2 にまとめる各月の値の偏差を用いて計算していきます。

表 4.6.2　Mamazon.com の月次売上（R），広告費（A），PV の偏差（P）

	1月偏差	2月偏差	3月偏差	4月偏差	5月偏差	6月偏差	標準偏差
R	−11.7	3.3	−16.7	18.3	−1.7	8.3	11.8
A	−0.33	−1.33	1.67	0.67	−0.33	−0.33	0.943
P	−143	−53	−163	297	−3	67	154

$$\mathrm{Cov}(R,A) = \frac{1}{6}((-11.7) \times (-0.33) + 3.3 \times (-1.33) + \cdots + 8.3 \times (-0.33))$$

$$= -3.056 \quad \cdots (4.6.1)$$

$$\mathrm{Cov}(R,P) = \frac{1}{6}((-11.7) \times (-143) + 3.3 \times (-53) + \cdots + 8.3 \times 67)$$

$$= 1703 \quad \cdots (4.6.2)$$

月次売上と広告費には負の相関，月次売上と PV には正の相関があることが分
かりました。では，その相関関係はどの程度強いのでしょうか。値だけを見ると
$\mathrm{Cov}(R,P)$ の方が大きいのですが，計算過程を踏まえれば P の値が全体的に大
きいために $\mathrm{Cov}(R,P)$ が大きくなるのは当然のようです。また，単位を見ても，
金額同士で計算した $\mathrm{Cov}(R,A)$ と，金額–PV 間で計算した $\mathrm{Cov}(R,P)$ を単純に
比較することに意味はなさそうです。そこで導入するのが，相関係数です。

4-6　相関係数　135

《定義》

確率変数 X, Y の分散が正のとき，それぞれの標準偏差を σ_X, σ_Y，共分散を σ_{XY} として，

$$\rho = \frac{\sigma_{XY}}{\sigma_X \sigma_Y}$$

を相関係数という。（$-1 \leqq \rho \leqq 1$）

相関係数 ρ は，共分散をそれぞれの標準偏差で割ることで単位を打ち消した値であり，単位のない**無次元数**になっています。また，標準偏差の積で割ることで，ρ は $-1 \sim +1$ の間の値を取るように共分散の値が調整されます（この操作を，正規化といいます）。これまで値がばらばらで比較の方法がなかった共分散も，相関係数にすることで，相関の強弱を比較することができるようになります。

さて，相関係数 ρ_{RA}, ρ_{RP} を計算してみましょう。

$$\rho_{RA} = \frac{\mathrm{Cov}(R, A)}{\sigma_R \sigma_A} = \frac{-3.056}{11.8 \times 0.943} = -0.2746 \quad \cdots \text{(4.6.3)}$$

$$\rho_{RP} = \frac{\mathrm{Cov}(R, P)}{\sigma_R \sigma_P} = \frac{1703}{11.8 \times 154} = 0.9372 \quad \cdots \text{(4.6.4)}$$

相関係数は，$+1$ に近い方が正の相関が強く，-1 に近い方が負の相関が強いといえます。相関係数が 0 に近いときは相関が薄いということです。目安としては，絶対値が 0.7 よりも大きいときに強い相関があるといえます。

ρ_{RA}, ρ_{RP} の計算結果より，ρ_{RP} すなわち月次売上と PV（閲覧数）に大きな正の相関があると分かりました。ここから，月次売上は PV（閲覧数）と正の強い関係性があることが示されました。

● 人工知能ではこう使われる！

・大量のデータが与えられたときに，無数にあるパラメータの組合せの相関係数を計算し，大きな相関関係を持つ組合せを洗い出すことで，人間が直感的には理解しにくく見つけにくい関係性を探索できます。

演習問題

4-6 表 4.6.1（p.134）の Mamazon.com 運営データ—2018 上半期を用いて，以下の問いに答えなさい。

① 2017 年 12 月の広告費は，1 百万円でした。このとき，月次売上と前月の広告費の相関係数を求めなさい。

② 次の記述のうち，正しいものを 1 つ選びなさい。

（ア）広告費と PV には負の相関があるので，広告費を増やすと，PV が減る可能性が高い。

（イ）前月の広告費と月次売上には相関係数約 0.84 の正の相関があるため，広告費を増やすと，翌月の売上が増える確率は約 84% だ。

（ウ）平均滞在時間が長い月は，PV も多い傾向がある。

（エ）PV と相関がより強いのは，決済回数と平均滞在時間のどちらかといえば，平均滞在時間である。

解答・解説

① 右表のように，広告費の値を 1 カ月ずつずらして再計算します。相手が月次売上であることに注意

	1月	2月	3月	4月	5月	6月
（今月の）広告費	¥2 百万	¥1 百万	¥4 百万	¥3 百万	¥2 百万	¥2 百万
（前月の）広告費	¥1 百万					

して計算すると，$\rho = \dfrac{10.56}{11.8 \times 1.07} = \underline{0.836}$　…（答）

② 正解は（ウ）　（ア）は，計算すると，負の相関ではなく正の相関であることが分かります。（イ）は誤り。相関係数は，大小比較が可能な $-1 \sim +1$ の値を取るもので，確率に読み替えることはできません。（エ）は，相関係数の大小関係が逆です（決済回数は約 0.955，平均滞在時間は約 0.884）。

4-6　相関係数　137

SECTION 4-7 最尤推定

> **押さえる
> ポイント**
>
> ☑ **最尤推定**の考え方を理解する。

コインを投げたとき，表が出る確率は $\frac{1}{2}$。サイコロを振ったとき，それぞれの目が出る確率は $\frac{1}{6}$。これらは理論的に決めた想像の値であって，現実世界にあるコインやサイコロが**本当にその確率に支配されているかは分かりません**。私たち人間は，ある事象の確率を知るためには，何回か試行を繰り返し，得られた観測結果をもとに**推定**する以外のすべを持ちません。この SECTION では，統計的な推定法である<u>最尤推定</u>について勉強していきます。

最尤推定の「尤」という字は，音読みでは「ユウ」，訓読みでは「もっと（も）」と読みます。送り仮名を付けると，「尤もらしい」というように使う漢字です。つまり，最尤推定とは，「最も尤もらしい（値を）推定する」ということです。また，英語では尤度を likelihood といいます。A star like a diamond（ダイヤのような星）というときの「〜のような」という意味の "like" が変形したものです。

さて，前置きはここまでにしましょう。最尤推定とは，**パラメータ θ に関する尤度関数 $L(\theta)$ を最大化する θ を求めること**です。最大値を取るところを明らかにするのですから，1 階微分をして，$\dfrac{\mathrm{d}L(\theta)}{\mathrm{d}\theta} = 0$ となる θ を求めればよいですね。

《公式》

最尤推定とは，あるパラメータ θ を推定するために，θ による尤度関数 $L(\theta)$ が最大値を取るような θ を求める方法である。このとき θ の推定値は，以下の方程式を満たす。

$$\frac{\mathrm{d}L(\theta)}{\mathrm{d}\theta} = 0$$

具体例を考えましょう。サイコロを振って 1 の目が出る確率を，$\frac{1}{6}$ のような気

はするけれども断言はできないので、θ とします。たくさんサイコロを振れば自ずと確率は明らかになるはずだと考え、サイコロを 100 回投げたところ、1 の目は 20 回出ました。確率は分かりませんが、とにかく 100 回中 20 回、1 が出たのだ、という観測事実から、最尤推定は始まります。100 回の中から 20 回を選ぶ場合の数は $_{100}\mathrm{C}_{20}$ ですから、この観測事実が発生する確率を尤度関数 $L(\theta)$ とすると、以下のようになります。

$$L(\theta) = {}_{100}\mathrm{C}_{20} \cdot \theta^{20} \cdot (1-\theta)^{80} \cdots (4.7.1)$$

さあ、後は微分して値が 0 になるような θ を求めるだけです。しかし、厄介なことに気づきました。この尤度関数、θ の 100 次方程式になっており、微分するのにかなりの計算が必要になります。この例に限らず、一般に離散確率分布の式は確率の積となることが多いため、微分が難しいことがほとんどです。そのため、次の公式に示すように対数尤度関数 $\log_e L(\theta)$ をとることで問題を回避します。なお、対数尤度関数を最大にする θ は、そのまま尤度関数 $L(\theta)$ を最大にする θ になります。

《公式》

尤度関数 $L(\theta)$ を最大にする θ は、対数尤度関数 $\log_e L(\theta)$ に対し、以下の方程式を満たす。

$$\frac{\mathrm{d}}{\mathrm{d}\theta} \log_e L(\theta) = 0$$

なぜわざわざ対数を取るのかは、以下の式を見ればお分かりになると思います。積を和に変換できるため、高次の方程式を一気に 1 次方程式にレベルダウンさせることができています。

$$\log_e L(\theta) = \log_e({}_{100}\mathrm{C}_{20} \cdot \theta^{20} \cdot (1-\theta)^{80})$$
$$= \log_e {}_{100}\mathrm{C}_{20} + 20\log_e \theta + 80\log_e(1-\theta) \cdots (4.7.2)$$

当然、微分も簡単ですね。

> SECTION 2-6 参照

$$\frac{\mathrm{d}}{\mathrm{d}\theta} \log_e L(\theta) = 0 + \frac{20}{\theta} - \frac{80}{1-\theta} = 0 \cdots (4.7.3)$$

> この符号が負になる理由は演習問題を参照

これを解くと，$\theta = 0.2$ となります。ここから，「あるサイコロで 1 が出る確率として最ももっともらしいのは，0.2 である。」という結論が得られます。

ところで，正規分布のような連続確率分布においては，パラメータが複数の場合もあります。この場合，それぞれのパラメータについて偏微分することになります。

> **《公式》**
> 尤度関数 $L(\theta_1, \theta_2, \cdots, \theta_m)$ を最大にする $\theta_1, \theta_2, \cdots, \theta_m$ は，以下の方程式を満たす。
> $$\frac{\partial}{\partial \theta_1} L(\theta_1, \theta_2, \cdots, \theta_m) = 0, \ \frac{\partial}{\partial \theta_2} L(\theta_1, \theta_2, \cdots, \theta_m) = 0, \cdots$$

離散確率分布・連続確率分布のいずれも尤度関数として用いることができ，パラメータが複数であっても問題ないので，実際に問題となるのは**収集したデータ（事象の観測結果）に対して，どのように適切な確率分布を与えるか**，ということになります。最も標準的なものは正規分布になりますが，事象をよく理解した上で，適切かどうかを常に考えてください。

● 人工知能ではこう使われる！

- 最尤推定は，得られたデータから，背後に隠れた確率モデルのパラメータを推定する統計手法です。過去のデータから将来を予測するときに用いられる場合が多いです。

演習問題

4-7 アーチェリーを 300 射しました。1 射ごとに，着弾点が中心に近い順に，10～0 点の点数が与えられます。

❶ 300 射中，10 点は 20 回出ました。10 点を取る確率 θ を最尤推定しなさい。

❷ さらに 300 射したところ，10 点が出た回数は 600 射中 48 回でした。このとき，10 点を取る確率 θ を最尤推定しなさい。

解答・解説

❶ 10 点をとる確率を θ_1 とすると，300 射中 20 射が 10 点になるという事象が観測されたときの尤度関数 $L_1(\theta_1)$ は，次の通りです。

$$L_1(\theta_1) = {}_{300}\mathrm{C}_{20} \cdot \theta_1^{20} \cdot (1-\theta_1)^{280}$$

> 300 射から 20 射選び出します。

対数尤度関数を θ_1 で微分し，

$$\frac{\mathrm{d}}{\mathrm{d}\theta_1} \log_e L_1(\theta_1) = 0$$

$$\frac{\mathrm{d}}{\mathrm{d}\theta_1} \left(\log_e({}_{300}\mathrm{C}_{20}) + 20\log_e\theta_1 + 280\log_e(1-\theta_1) \right) = 0$$

$$0 + \frac{20}{\theta_1} - \frac{280}{1-\theta_1} = 0$$

$$\theta_1 = \frac{1}{15}$$

> 以下のような合成関数の微分（2-6 参照）をしたため。
> $$\frac{\mathrm{d}}{\mathrm{d}\theta_1} 280\log_e(1-\theta_1)$$
> $$= \frac{\mathrm{d}}{\mathrm{d}(1-\theta_1)} 280\log_e(1-\theta_1) \cdot \frac{\mathrm{d}}{\mathrm{d}\theta_1}(1-\theta_1)$$
> $$= 280\left(\frac{1}{1-\theta_1}\right) \cdot (-1)$$

10 点を取る確率 θ_1 は，$\frac{1}{15}$ であると推定される。 …(答)

❷ 同様に，10 点を取る確率を θ_2 とすると，600 射中 48 射が 10 点になるという事象が観測されたときの尤度関数を $L_2(\theta_2)$ として，同様に，

$$L_2(\theta_2) = {}_{600}\mathrm{C}_{48} \cdot \theta_2^{48} \cdot (1-\theta_2)^{552}$$

$$\frac{\mathrm{d}}{\mathrm{d}\theta_2} \log_e L_2(\theta_2) = 0 \qquad \theta_2 = \frac{2}{25}$$

10 点を取る確率 θ_2 は，$\frac{2}{25}$ であると推定される。 …(答)

COLUMN 数学的に正しい最尤推定法 VS 実用的だが怪しいベイズ推定法

　最尤推定法の考え方は，「真の確率モデルが存在し，観測データはそのモデルに従っているはず。だから観測を繰り返した結果を平均していけば，真の確率モデルが見えてくるに違いない。ただ無限回の試行はできないので，今手元にあるデータから最ももっともらしい確率を導くしかない。観測データを信じるほかない」というものです。そのため，観測結果が偶然偏ってしまった場合や，適用する確率分布仮定を誤ってしまうと，まったく見当違いな推定結果が導かれてしまうという明白な欠点があります。

　これに対し，ベイズ推定法というアプローチがあります。ベイズ推定法は，これまでの観測結果（あるいは勝手な想像）に基づき，「事前分布（確率）」を仮定します。そして「得られた観測データは，おそらくは事前分布に基づいて得られているはずなので，その条件付き確率を求めればよい」と考え，事後確率（条件付き確率）を求めます。

　回数を増やさないと信用できない最尤推定法，怪しい前提を導入する必要があるベイズ推定法，いずれにおいてもあくまで「推定」であるということを肝に銘じ，統計処理を行うことが重要です。

5

> CHAPTER 5

実践編1

　さて，ここからは実践編として，実際の人工知能アルゴリズムに即して，人工知能の数学を見てみます。まずは，人工知能の中で最もシンプルで理解しやすい「線形回帰モデル」を扱いましょう。「線形回帰モデル」とは，線形（＝直線や平面状の）回帰（＝数値予測）モデルのことを指します。統計学では「単回帰分析」や「重回帰分析」と呼ばれることもあるので，なじみ深い方もいるでしょう。このCHAPTERでは，今まで学んだ事を復習しながら，「線形回帰モデル」のアルゴリズムを理解することを目的としています。

SECTION 5-1

回帰モデルで住宅価格を推定してみよう

押さえるポイント

☑ 人工知能が実際に使われている応用例を知る。
☑ 線形回帰モデルがどのような意味を持つのか理解する。

　この CHAPTER からは人工知能のアルゴリズムを見ながら，実際に数学が人工知能にどのように応用されているか確認してみます。今回は引っ越しのケースを考えてみます。皆さんは，引っ越しのときに物件を探すとき，住宅価格をどのように評価するでしょうか？ 最寄り駅からの距離，部屋の間取り，築年数，新築かどうかなどによって，住宅価格を決定する要因はさまざまありそうですが，どのくらいの値段が妥当なのか，その値段が高めなのか低めなのか，実際に判断するのは難しいです。このように，これまで，自分の住んでいる家や住みたい家の価格は，不動産屋などのプロの経験と勘で決められていました。しかし，こうした人工知能モデルを応用することで，専門知識がなくても妥当な価格を知ることができるのです。

　そこで，今回は人工知能アルゴリズムを利用し，住宅価格推定モデルを構築することを考えてみましょう。住宅価格を推定するには，物件の所在地や立地，築年数，階数，間取り，広さなどの情報を使えばよさそうです。このような，推定する値（今回の場合は住宅価格）のことを従属変数（目的変数），推定する元となる値（今回の場合は所在地や立地，築年数，階数，間取り，広さなど）のことを独立変数（説明変数）などと呼びます。

　人工知能アルゴリズムはさまざまなものがありますが，今回は線形回帰モデルを選択します。線形回帰モデルとは，**直線状の（＝線形）数値予測（＝回帰）モデルのこと**を指します。今回は「住宅価格推定」という数値予測を行うので，回帰に関しては問題ないでしょう。次に，線形の意味について考えます。例えば，

この本で扱う Python コード　https://github.com/TeamAidemy/AIMathBook

40坪の家が2,000万円であれば，他の条件が変わらなければ80坪の家は4,000万円になりそうです。このとき，住宅価格 = 坪数 × 50万円という関係性が成り立ちますね。このような関係性を線形性といいます[*1]。

　ただし，実際に人工知能モデルを作る上での注意点がいくつかあります。その中の一つとしてこのモデルでは，さまざまな物件の実際のデータ（所在地などの情報と実際の価格）を基にして解析を行います。そして大量のデータによって決定された関係式と与えられたデータを基にして，推定価格が算出されます。その際，偏ったデータばかりをサンプルとしていると正しい関係式が得られない，という点などが挙げられます。例えば，築年数の新しい物件ばかりを選んでいると，築年数が長くなると価格がどの程度低くなるか，という評価が適切にされなくなります。人工知能において正しい結果を出すためには，**バイアス（偏り）の少ないデータが重要**であるということも押さえておきましょう。

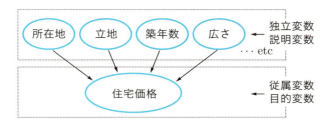

図 5.1.1　住宅価格とそれを説明する変数の関係

[*1] ただし，$y = w_0 + w_1 x + w_2 x^2$ のような式を図示するとき，線分は曲線になりますがこれも線形回帰問題と定義されます。これは，このモデル式で解くべき w_0, w_1, w_2 といった重みが1次の項となり，線形性を持つためです。

SECTION 5-2

データセット 「Boston Housing Dataset」

| 押さえる ポイント | ☑ 今回利用するデータセットの中身を理解する。 |

　さて，このような人工知能モデルを導出するための訓練データやテストデータ（3-7参照）のことを，データセットといいます。今回のデータセットは，機械学習ライブラリscikit-learn[*2]を使って簡単に読み込める「Boston Housing Dataset」を使いましょう。このデータセットは，町ごとの住宅価格の中央値と，その町のさまざまな属性を表すデータをまとめたものになります。scikit-learn 自身にもデータセットが付随しているので，scikit-learn を使えば簡単に呼び出すことができます。まずは，このデータセットの内容（表 5.2.1）を確認しましょう。このデータセットでは，14 個のカラムが含まれており，レコード数は全部で 506 行あります。

　このデータセットを視覚化すると，図 5.2.1 のようになります。

　今回は 14 個のカラムの中で，最後のカラム MEDV（住宅価格の中央値）が目的変数となります。そのため，1 個目〜13 個目のカラムの情報が説明変数となるのです。

[*2] ライブラリとは，外部から読み込むプログラミングコードの塊のことを指します。scikit-learn はプログラミング言語 Python から呼び出されるライブラリです。今回扱うデータセットや線形回帰モデルを始めとして，さまざまなデータセットや人工知能アルゴリズムがパッケージになっています。

表 5.2.1　データセットのカラムの詳細

カラム名	内容（単位）
CRIM	人口1人当たりの犯罪発生数（回）
ZN	25,000 平方フィート以上の住居区画の占める割合(%)
INDUS	小売業以外の商業が占める面積の割合(%)
CHAS	チャールズ川によるダミー変数（1：川の周辺，0：それ以外）
NOX	NOx の濃度(%)
RM	住居の平均部屋数（部屋）
AGE	1940 年より前に建てられた物件の割合(%)
DIS	5 つのボストン市の雇用施設からの距離（重み付け済/単位不明）
RAD	環状高速道路へのアクセスしやすさ（1-24 の間隔尺度）
TAX	$10,000 当たりの不動産税率の総計（$）
PTRATIO	教師1人が持つ生徒の数（人）
B	$1,000 \times (黒人比率(\%) - 0.63)^2$ の式で計算される指標（無単位）
LSTAT	給与の低い職業に従事する人口の割合(%)
MEDV	住宅価格の中央値（1,000 ドル）

カラム数（14 個）

		CRIM	ZN	INDUS	CHAS	...	LSTAT	MEDV
	0	0.00632	18.0	2.31	0.0	...	4.98	24.0
	1	0.02731	0.0	7.07	0.0	...	9.14	21.6
	⋮	⋮	⋮	⋮	⋮	⋮	...	⋮
	505	0.04741	0.0	11.93	0.0	...	7.88	11.9

レコード数（506 行）

図 5.2.1　データセットの概要

5-2　データセット「Boston Housing Dataset」　　147

さて，データセットをよく見ると，CHAS には「ダミー変数」と記載されており，RAD には「間隔尺度」と記載がありました。一度，変数の種類について押さえておきましょう。

表 5.2.2　データの種類と意味

カテゴリ	尺度	説明
質的データ	名義尺度	分類や区別を行うための尺度のことをいいます。例えば，「0…男性」「1…女性」を示すデータです。ダミー変数ともいうことがあります。
	順序尺度	大小関係のみ意味がある尺度のことをいいます。例えば，「0…悪い」「1…普通」「2…良い」を示すデータです。
量的データ	間隔尺度	間隔に意味のある変数のことを指します。例えば，西暦などを示すデータです。加法減法のみ意味を持ちます。
	比例尺度	比例にも意味がある変数のことを指します。例えば，速度，身長，体重などを示すデータです。加減乗除全てで意味を持ちます。

表 5.2.2 のように，変数は 4 つの尺度に大別されます。間隔尺度と比例尺度の違いが少し分かりにくいかもしれません。間隔尺度で定義される西暦などは，西暦 2000 年を西暦 1000 年の 2 倍，などということができません。しかし，速度 $40\,\mathrm{km/h}$ を $20\,\mathrm{km/h}$ の 2 倍ということはできます。このように，掛け算に意味があるかどうかで，間隔尺度と比例尺度の違いを捉えるとよいでしょう。

今回のデータセットの場合，CHAS は「質的データ」の中の「名義尺度」であり，RAD は「量的データ」の中の「間隔尺度」になります。それ以外のカラムは全て「量的データ」の中の「比例尺度」になります。

SECTION
5-3 線形回帰モデルとは？

> **押さえる
> ポイント** | ☑ 線形回帰モデルのモデル式を理解する。

　さて，いよいよ，数式のモデル式に触れて，線形回帰モデルについて学んでいきます。**回帰モデルとは，1つの従属変数を1つ以上の独立変数によって記述した関係式**のことをいいます。$w_0, w_1, \cdots, w_l$ を係数（重み），$x_1, x_2, \cdots, x_l$ を独立変数とすると，従属変数 y の線形回帰モデルは次のように記述できます。

《定義》線形回帰モデル

$$y = w_0 + \sum_{k=1}^{l} w_k x_k$$

$$y = w_0 + w_1 x_1 + w_2 x_2 + w_3 x_3 + \cdots + w_l x_l$$

　さて，人工知能アルゴリズムの目的は，この**重み w_k を適切に決めること**でした。そのためには，今回の場合 506 レコードものデータ[3]を x_k と y に代入することになります。このとき，一つ一つの式を記述するのは，非常に大変そうです。そのため，行列を用いて以下のように表現されます。

《定義》線形回帰モデル

$$
\begin{bmatrix} y_1 \\ y_2 \\ \vdots \\ y_n \end{bmatrix}
=
\begin{bmatrix}
1 & x_{11} & x_{12} & \cdots & x_{1l} \\
1 & x_{21} & x_{22} & \cdots & x_{2l} \\
\vdots & \vdots & \vdots & \vdots & \vdots \\
1 & x_{n1} & x_{n2} & \cdots & x_{nl}
\end{bmatrix}
\begin{bmatrix} w_0 \\ w_1 \\ \vdots \\ w_l \end{bmatrix}
$$

---

[3] 実際に人工知能が訓練する際は，データセット全てのレコードを入れることはなく，一部のデータを取っておいて検証用に使うことになります。この手法は 5-6 で触れます。

CHAPTER

5

実践編1

今回のデータセットの場合，$n = 506$ となり，$l = 13$ となります。このとき，目的変数を n 次元の列ベクトル Y，説明変数および w_0 の係数 1 を n 行 $(l + 1)$ 列型の行列 X，重みを $l + 1$ 次元の列ベクトル W とすると，定義はかなり単純化して表すことができます。

《定義》線形回帰モデル

$$Y = XW$$

このとき，最も当てはまりのよい列ベクトル W を探すのが，今回の線形回帰モデルで人工知能が行うことになります。さてこのとき，「最も当てはまりがよい」とはどのように定義されるのか，次の SECTION で見てみましょう。

COLUMN 人工知能エンジニア（データサイエンティスト）の仕事とは？

人工知能エンジニアという職業を目指している方も多いでしょう。実際に人工知能エンジニアになったら，どんな仕事に時間を割くのでしょうか？ 実は，今回行っているモデル構築は，scikit-learn などのライブラリを使えば短い時間で実装できるのです。しかし，Boston Housing Dataset などのサンプルデータセットとは違い，実務では欠損値や外れ値などがない「きれいな」データが揃っていることはまれです。そのため，機械学習モデルにかけられるデータセットを作るためのデータの加工など，データの前処理に実務時間の 8 割以上割くことも珍しくないのです。そのため，データを加工するためのプログラミングスキルも必要となり，人工知能エンジニアの仕事は「データの前処理」が中心となることもあります。

SECTION 5-4 最小2乗法を利用してパラメータを導出

> **押さえるポイント** ☑ **最小2乗法**の計算方法を理解する。

　人工知能が最も当てはまりがよい重みを定義する方法の一つで，**最小2乗法**と呼ばれる近似法があります。最小2乗法は，数値の組（データセット）が1次関数などの特定の関数によって近似的に記述できるとし，その特定関数と各数値の誤差の2乗和が最小になるような係数を決定する手法です。

　さて，実際に Boston Housing Dataset の解析を行う前に，簡単な例を見てみましょう。

● 例題

　目的変数 y を家賃，説明変数 x を駅からの距離としたデータ表 5.4.1 が手元にあります。

表 5.4.1　駅からの距離と家賃の関係性

番号	x：駅からの距離（km）	y：家賃（万円）
1	0.5	8.7
2	0.8	7.5
3	1.1	7.1
4	1.5	6.8

　このとき，家賃と距離との関係が直線 $y = w_0 + w_1 x$ の関係にあると仮定するとき，最も当てはまりのよい重み w_0, w_1 を求めなさい。

ここでいう，最も当てはまりのよいというのは，どういう場合をいうのでしょうか？ 今回の最小2乗法の場合，図5.4.1のような状態を，当てはまりのよい状態と考えます。

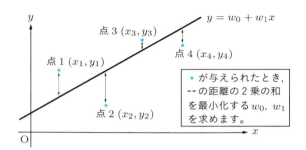

図 5.4.1 最小2乗法の概念

このとき，合計距離の最小値を求めることになりますが，例えば図5.4.1の合計距離 D は，

$$D = \sum_{l=1}^{4} |y_l - (w_0 + w_1 x_l)| \quad \cdots (5.4.1)$$

で表すことになり，絶対値が含まれます。絶対値が含まれた数式は，微分できず，扱いにくいので，それぞれの距離の2乗の和の最小値を求めてみましょう。このとき，

$$D = \sum_{l=1}^{4} \{y_l - (w_0 + w_1 x_l)\}^2 \quad \cdots (5.4.2)^{*4}$$

を最小化するような w_0, w_l を求めることになります。

さて，表5.4.1で最小の値を持つときを考えましょう。式(5.4.2)に表5.4.1の値を代入すると，

$$D = \{8.7 - (w_0 + 0.5w_1)\}^2 + \{7.5 - (w_0 + 0.8w_1)\}^2$$
$$+ \{7.1 - (w_0 + 1.1w_1)\}^2 + \{6.8 - (w_0 + 1.5w_1)\}^2 \quad \cdots (5.4.3)$$

このようになります。この計算をすると，

[*4] なお，線形回帰で最小化する距離の2乗の和を導出する式としては，全体に $\frac{1}{2}$ が掛けられることが一般的です。これは，$\frac{1}{2}$ を掛けることで，x^2 を微分したときに係数が相殺されるので，計算しやすいためです。最小化する問題ではどちらの式も計算結果が同じになるので，今回は式を簡潔に記すために $\frac{1}{2}$ を省略します。

$$D = 4w_0^2 + 4.35w_1^2 + 7.8w_0w_1 - 60.2w_0 - 56.72w_1 + 228.59 \quad \cdots (5.4.4)$$

となります。

　このとき，D が最小値を取るとき，w_0, w_1 の偏微分の値は 0 になります。そのため，

$$\frac{\partial D}{\partial w_0} = 8w_0 + 7.8w_1 - 60.2 = 0$$

$$\frac{\partial D}{\partial w_1} = 8.7w_1 + 7.8w_0 - 56.72 = 0$$

の連立方程式を解きます。ここまでくれば簡単ですね。この 2 式を計算すると，$w_0 \fallingdotseq 9.2836$，$w_1 \fallingdotseq -1.8037$ となり，求める直線は

$$y = -1.8037x + 9.2836$$

となります。このように，最小値を求める流れが最小 2 乗法となります。

　さて，一般的な形についても考えてみましょう。上の例では説明変数を 1 つとしましたが，より一般的に，説明変数が複数ある場合を考えます。実際，今回用いている Boston Housing Dataset も説明変数が 13 個ありますね。

　目的変数を Y，説明変数を $X_1, X_2, \cdots, X_l$，モデル式を $f(X_1, X_2, \cdots, X_l)$ とおくとき，最小 2 乗法では誤差の 2 乗和 D を最小化するような $f(X_1, X_2, \cdots, X_l)$ を求めることになります。n 個のデータセットの中で k 個目のデータを $(x_{k1}, x_{k2}, \cdots, x_{kl}, y_k)$ とすると，誤差の 2 乗和は以下のように表すことができます。

$$D = \sum_{k=1}^{n} \{ y_k - f(x_{k1}, x_{k2}, \cdots, x_{kl}) \}^2$$

このとき，モデル式は

$$f(x_{k1}, x_{k2}, \cdots, x_{kl}) = \sum_{m=1}^{l} w_m x_{km} + w_0$$

と示すことができます。つまり，変数 $w_0, w_1, \cdots, w_l$ の値を変化させ，関数 $D(w_0, w_1, \cdots, w_l)$ が最小になるような $w_0, w_1, \cdots, w_l$ の組合せを求めることを考えればよいのです。

　ここで，CHAPTER 2 で学んだ偏微分と 2 次関数の最大最小の導出方法を用いましょう。2 次式の最大値，最小値は，2 次式を変数で微分し，微分した値が 0

5-4　最小 2 乗法を利用してパラメータを導出　153

となるという方程式を立てることで求めることができました。つまり、

$$\frac{\partial D}{\partial w_0} = 0, \ \frac{\partial D}{\partial w_1} = 0, \ \frac{\partial D}{\partial w_2} = 0, \cdots, \frac{\partial D}{\partial w_l} = 0$$

という $l+1$ 本の連立 1 次方程式ができあがりました。求めたい変数、連立式ともに $l+1$ 本なので、$w_0, w_1, \cdots, w_l$ の値を一義に定義できますね。線形回帰モデルの最小 2 乗法ではこのようにして係数の値を決定しています。

今回の Boston Housing Dataset の場合、$w_0, w_1, \cdots, w_{13}$ の合計 14 個の変数があり、そのため 14 本の連立方程式を解くことになります。人手で行うことを考えると骨が折れる作業ですが、この計算はコンピュータが自動で行っています。

COLUMN 　線形回帰モデルは人工知能？

今回取り扱っている「線形回帰モデル」は、かなりシンプルなアルゴリズムで、本当に人工知能？　と疑問をもっている方も多いかもしれません。確かに、「人工知能」でイメージするのは、スマートスピーカーなどの音声認識デバイスや最強の囲碁 AI のように、あたかも人間が考えるかのように動作する技術を思い浮かべる人が多いでしょう。人工知能の定義はさまざまなものがありますが、東京大学大学院の松尾豊特任准教授は「人工的につくられた人間のような知能、ないしはそれをつくる技術」と定義しています（『人工知能学会誌』より）。この定義からすると、線形回帰は人工知能の一種ではないような気もします。

しかし、この線形回帰モデルは、本書で後述するディープラーニングの基礎技術になっています。そして、このディープラーニングは音声認識デバイスや自動運転技術の基礎技術になっているのです。そのため、線形回帰の理解なしに、これらの技術の理解は難しいです。現在の最先端技術も、線形回帰モデルなどの基礎技術の積み重ねで成立しているため、この線形回帰モデルも人工知能と言っても差し支えないのではないでしょうか。

SECTION 5-5 正則化を利用して過学習を避ける

押さえるポイント
- ☑ 過学習の概念と回避方法を理解する。
- ☑ 正則化の概念と計算方法を理解する。

前 SECTION まで，目的変数のモデルをどのようにして導出するのか学んできました。データを学習させることによって関係式を導くわけですが，実は，単純にデータが多ければ多いほどよい関係式が得られるわけではありません。どういうことか，まずは具体例から見ていきましょう。訓練データとして以下のようなデータがあったとしましょう。

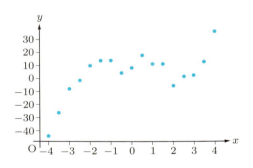

図 5.5.1　サンプルデータセット

このとき，図 5.5.2 と 5.5.3 の 2 つのグラフがあった場合，どちらのグラフの方が当てはまりのよいグラフといえるでしょうか？

図 5.5.2 の方は，何となく滑らかで正確な感じがして，図 5.5.3 は極端すぎる感じがしないでしょうか。実際，図 5.5.1 で用意したデータセットは，$f(x) = x^3 - x^2 - 6x + 1$ という数式にノイズをつけて生成したものです。それなのに，図 5.5.3 は複雑すぎるグラフの形をしています。

こうした複雑すぎる状態を**過学習（over-fitting）**といいます。また，図 5.5.2

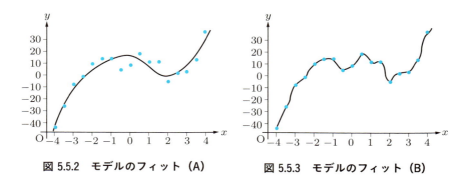

図 5.5.2 モデルのフィット（A）　　**図 5.5.3 モデルのフィット（B）**

のように，少しのノイズは許容しながらも，全体としてデータの特性を判断している式のことを<u>汎化性能（汎化能力）</u>**がある**，といいます．当然，人工知能モデルでは，汎化性能のあるモデルを作る必要があり，もちろん過学習を避けなければいけません．

　過学習を避ける方法として，線形回帰では，<u>正則化</u>という手法があります．ここからは過学習を防ぐための重要な手法である正則化について，学んでいきましょう．

　正則化では，モデルが複雑になるとペナルティが課されるような項を追加することで，過学習を防ぎます．具体的には，モデルを簡単にするために，モデルの係数（重み）を小さくさせるような項を追加します．

　正則化では，一般的に $L1$ 正則化，$L2$ 正則化が用いられます．ここでいう $L1$，$L2$ は，それぞれパラメータ（重み関数）の $L1$ ノルム，$L2$ ノルム（3-7 参照）を意味しています．

　線形回帰モデルを $y = w_0 + \sum_{k=1}^{l} w_k x_k$ として考えていきましょう．また，正則化項を $\lambda E(w)$ とします[*5]．

　$L1$ 正則化では重み関数の $L1$ ノルムに係数を掛けた

$$\lambda E(w) = \lambda \sum_{k=1}^{l} |w_k|$$

[*5] 書籍によっては $\frac{\lambda}{2}$ と表記されるケースもあります．$\frac{1}{2}$ がついている理由は，$E(w)$ が 2 乗の項の集合となるとき，その項が微分された時に係数に 2 が掛けられて打ち消され，計算しやすくなるためです．$\frac{1}{2}$ があってもなくても，任意に決められる定数 λ があるので本質的な差はありません．今回は，scikit-learn の Ridge 回帰で採用されている定義に則り，$\frac{1}{2}$ をつけずに記載します．

を新たな項として，5-4 で考えた最小 2 乗誤差[*6] $D = \sum\limits_{k=1}^{n} \{y_k - f(x_{k1}, x_{k2}, \cdots, x_{kl})\}^2$ を

$$D = \sum_{k=1}^{n} \{y_k - f(x_{k1}, x_{k2}, \cdots, x_{kl})\}^2 + \lambda E(w)$$

と設定し直します。設定し直した関数 D を最小化するような重み W（線形回帰モデルの係数とバイアスである $w_0, w_1, \cdots, w_l$ の重み行列）を考えるところで，W のノルムが大きくなりすぎる，つまりモデルが複雑になりすぎることを防ぐのです。この正則化付きの線形回帰は **Lasso 回帰**と呼ばれることもあります。

$L2$ 正則化ではパラメータの $L2$ ノルム

$$\lambda E(w) = \lambda \sum_{k=1}^{l} w_k^2$$

を新たな項として追加します。$L1$ 正則化と同様に最小 2 乗誤差を

$$D = \sum_{k=1}^{n} \{y_k - f(x_{k1}, x_{k2}, \cdots, x_{kl})\}^2 + \lambda E(w)$$

と設定し直し，これを最小化することを考えます。$L2$ 正則化の場合，絶対値がないので微分しやすいのが特徴となります。この正則化付きの線形回帰は **Ridge 回帰**と呼ばれることもあります。こうした $L1$ 正則化と $L2$ 正則化は組み合わせて使うことができ，その回帰モデルは Elastic Net と呼ばれます。

なお，ここで登場した λ は定数値として定めています。**λ を大きく取ると**，全体を最小化するために重み関数のノルムは小さくなります。つまり**正則化の作用を強めることができます**。こうして λ を調整することで，正則化の寄与を調整することができるのです。scikit-learn の場合，特に指定しないと $\lambda = 1.0$ で計算されることになります。

さて，Boston Housing Dataset の全てのデータを使い，Ridge 回帰した結果が表 5.5.1 の通りになります。

$e - 01$，$e - 02 \cdots$ とは，10^{-1}，10^{-2} を示す記号です。つまり，例えば CRIM の重みは -0.1036 であるということになります。なお，この計算結果を式で表

[*6] このように，機械学習で，最小化する値を探す関数を損失関数と呼びます。今回は，損失関数として最小 2 乗誤差（距離の 2 乗の和の最小化）を利用しています。損失関数を表す文字は L（Loss）などが使われることが多いですが，今回は $L1$ 正則化，$L2$ 正則化という概念で L という文字を使ったので，D（Distance）を使います。

表 5.5.1　データセットのカラムの詳細と重み

カラム名	内容（単位）	重み
CRIM	人口 1 人当たりの犯罪発生数（回）	$-1.036\mathrm{e}-01$
ZN	25,000 平方フィート以上の住居区画の占める割合（%）	$4.741\mathrm{e}-02$
INDUS	小売業以外の商業が占める面積の割合(%)	$-8.547\mathrm{e}-03$
CHAS	チャールズ川によるダミー変数（1：川の周辺，0：それ以外）	$2.554\mathrm{e}+00$
NOX	NOx の濃度(%)	$-1.079\mathrm{e}+01$
RM	住居の平均部屋数（部屋）	$3.849\mathrm{e}+00$
AGE	1940 年より前に建てられた物件の割合(%)	$-5.368\mathrm{e}-03$
DIS	5 つのボストン市の雇用施設からの距離（重み付け済/単位不明）	$-1.373\mathrm{e}+00$
RAD	環状高速道路へのアクセスしやすさ（1-24 の間隔尺度）	$2.896\mathrm{e}-01$
TAX	$10,000 あたりの不動産税率の総計（$）	$-1.291\mathrm{e}-02$
PTRATIO	教師 1 人が持つ生徒の数（人）	$-8.766\mathrm{e}-01$
B	$1{,}000 \times (黒人比率(\%) - 0.63)^2$ の式で計算される指標（無単位）	$9.754\mathrm{e}-03$
LSTAT	給与の低い職業に従事する人口の割合(%)	$-5.341\mathrm{e}-01$
MEDV	住宅価格の中央値（1,000 ドル）	—
係数		31.62

すと，以下のようになります。

$$MEDV = -0.1036 \times CRIM + 0.04741 \times ZN - 0.008547 \times INDUS$$
$$+ 2.554 \times CHAS - 10.79 \times NOX + 3.849 \times RM - 0.005368 \times AGE$$
$$- 1.373 \times DIS + 0.2896 \times RAD - 0.01291 \times TAX - 0.8766 \times PTRATIO$$
$$+ 0.009754 \times B - 0.5341 \times LSTAT + 31.62$$

　さて，モデルの式はでき上がりましたが，このモデルの精度はどのように評価すべきでしょうか？ そこで，評価に関して次の SECTION で確認します。

SECTION 5-6 完成したモデルの評価

押さえるポイント　☑ 完成したモデルの評価方法を理解する。

　前の SECTION まで，モデル式をどのように導くか説明してきました。この SECTION では，モデルの評価方法について学んでいきます。

　機械学習では一般に，データセットそのものを訓練データとテストデータに分類することで，訓練データによる学習モデルをテストデータで評価しながら，性能のよいモデルが得られるように調整しています。これを**チューニング**といいます。

　検証の仕方としては，データセットを単純に訓練データとテストデータに2分割する**ホールドアウト法**や，データ全体を k 個に分割し，k 通りの訓練データ，テストデータの組み合わせで検証する**交差検証法（クロスバリデーション）**などがあります。

図 5.6.1　ホールドアウト法

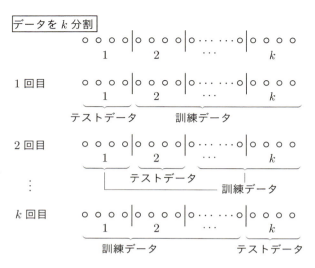

図 5.6.2 交差検証法（クロスバリデーション）

さて，Boston Housing Dataset の精度を検証するために，今回はホールドアウト法で検証してみましょう．今回は，75% を訓練用，25% をテスト用としてデータを分割してみます．

モデルの性能を見る方法として，残差をプロットしてみる方法があります．残差とは推定された回帰式と実際のデータの差です．$y = w_0 + \sum_{k=1}^{l} w_k x_k$ の回帰式があるとき，i 番目の残差を e_i で示すと，残差は以下の式によって計算されます．

$$e_i = y_i - \left(w_0 + \sum_{k=1}^{l} w_k x_{ki} \right)$$

このとき，残差をプロットしたとき，残差に偏りがなく，一様に分布しているかどうかを確認しましょう．今回の Boston Housing Dataset の残差をプロットしたものは図 5.6.3 の通りです．

基本的には残差 = 0 を中心に一様に分布しているので，ひとまず大きな問題はないといえるでしょう．しかし，図 5.6.3 の右下に 1 次式的な（直線的な）関係性が見られ，線形回帰ではこのモデルを十分表現できない可能性が示唆されています．

残差をプロットした図が問題ないと確認できたら，モデルの性能を評価する指

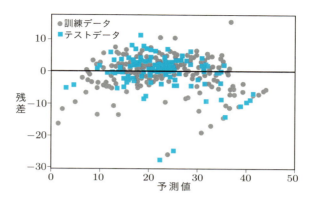

図 5.6.3　残差のプロット

標である平均2乗誤差（Mean Squared Error：MSE）や決定係数（R^2）を考えます。平均2乗誤差と決定係数は，データの数を n とすると以下の数式で定義されます。

> **《公式》** MSE と R^2
>
> $$\mathrm{MSE} = \frac{1}{n} \sum_{i=1}^{n} \left(y_{\text{実測値 } i} - y_{\text{予測値 } i} \right)^2$$
>
> $$R^2 = 1 - \frac{\mathrm{MSE}}{\frac{1}{n} \sum_{i=1}^{n} \left(y_{\text{実測値 } i} - \overline{y_{\text{実測値}}} \right)^2} \quad (0 \leqq R^2 \leqq 1)$$

　MSE は残差の2乗平均を取ったものです。なので，MSE は小さければ小さいほど，当てはまりがよいことを示しています。また，R^2 の分母にある $\frac{1}{n} \sum_{i=1}^{n} \left(y_{\text{実測値 } i} - \overline{y_{\text{実測値}}} \right)^2$ は，y の分散（4-5 参照）で，$\overline{y_{\text{実測値}}}$ とは，y 実測値 i の平均を示します。R^2 は 0 以上 1 以下の値を取る係数で，1 に近ければ近いほど当てはまりがよく，予測モデルを何割くらい説明できているか示す指標です。

　ここで，Boston Housing Dataset の MSE と R^2 を見てみましょう。

表 5.6.1 モデルの評価

	訓練データ	テストデータ
MSE	20.636	27.987
R^2	0.741	0.716

　テストデータの R^2 は 0.716 ということで，それほど悪くない精度であるといえます。住宅価格のうち 70% 以上は，いま立てたモデルで説明できているということです。また，訓練データの R^2 は 0.741 であり，テストデータの R^2 と比べ大きな差はないので，過学習も押さえられているといえるでしょう。

　さて，ここまでで基本的な線形回帰の手法を，数学理論を中心に見てきました。実際の人工知能エンジニアの現場では，ここからモデルの精度を上げるために，パラメータの調整を行い，他のモデルを試し，精度の比較を行います。今回は，モデルの評価までできたのでここまでとして，次の CHAPTER では別の人工知能アルゴリズムに触れてみましょう。

COLUMN　統計と機械学習の違いとは？

　統計と機械学習は，どちらもデータを扱う学問であり，似たような分析が存在します。例えば，今回取り組んでいる線形回帰は，統計分野では「重回帰分析/単回帰分析」という名前で，同じような分析を行うことがあり，重なる部分は大きいです。

　しかし，統計と機械学習は学問の目的が大きく違うといわれています。統計は，データの「説明」に重きを置いており，機械学習はデータの「予測」に重きを置いています。そのため，統計では「検定」手法などが充実しており，生じた現象を正確に説明することが求められています。一方，機械学習では，予測に重きを置くので，ほとんどの場合でデータを分割して，モデル制作に使っていないデータでその精度を検証し，うまく予測できるかどうかを検証します。

6

>CHAPTER 6

実践編 2

　この CHAPTER では，自然言語処理（NLP; Natural Language Processing）の基本を学び，文学作品を使った分析を通して自然言語処理の考え方を学びます。自然言語とは，私たちが普段使っている言葉のことで，プログラミング言語などの人工的に作られた言語に対する対比として「自然」と呼ばれています。

　自然言語処理は，私たち人間の脳にとっては生来備わっている機能のおかげで無意識にできてしまいますが，人工知能にとってはそうではありません。自然言語を数学的に表現し，人工言語で処理することで初めて，人工知能が自然言語処理能力を身に付けられるのです。

　今日では音声認識技術や言語の翻訳技術は大変身近なものになりました。さらに，電子メールやニュース記事，SNS なども自然言語データの代表例です。ここでは，その技術の基礎となる，自然言語を数学的に表現する方法と考え方を学んでいきます。

SECTION 6-1 自然言語処理で文学作品の作者を当てよう

　このCHAPTERのテーマは，「文章を読み取り，どの文豪の作風に似ているかを判定する」ことができる人工知能を開発することです。今回は簡易的に，太宰治，芥川龍之介，森鴎外の3人の文豪の誰に似ているかを判断することにしましょう。有名な作品は国語の教科書に収載されていますから，おそらく皆さん読んだことがあるはずです。改めて彼らの作風を比較していただくために，以下に著作の一部を紹介します。

　「戦争が終ったら，こんどはまた急に何々主義だの，何々主義だの，あさましく騒ぎまわって，演説なんかしているけれども，私は何一つ信用できない気持です。主義も，思想も，へったくれも要らない。男は嘘をつく事をやめて，女は慾を捨てたら，それでもう日本の新しい建設が出来ると思う。」
私は焼け出されて津軽の生家の居候になり，鬱々として楽しまず，ひょっこり訪ねて来た小学時代の同級生でいまはこの町の名誉職の人に向って，そのような八つ当りの愚論を吐いた。

―― 太宰治　『嘘』（1946）より

　ある冬の日の暮，保吉は薄汚いレストランの二階に脂臭い焼パンを齧っていた。彼のテエブルの前にあるのは亀裂の入った白壁だった。そこにはまた斜かいに，「ホット（あたたかい）サンドウィッチもあります」と書いた，細長い紙が貼りつけてあった。（これを彼の同僚の一人は「ほっと暖いサンドウィッチ」と読み，真面目に不思議がったものである。）それから左は下へ降りる階段，右は直に硝子窓だった。彼は焼パンを齧りながら，時々ぼんやり窓の外を眺めた。窓の外には往来の向うに亜鉛屋根の古着屋が一軒，職工用の青服だのカアキ色のマントだのをぶら下げていた。

―― 芥川龍之介　『保吉の手帳から』（1923）より

この本で扱う Python コード　https://github.com/TeamAidemy/AIMathBook

高瀬舟は京都の高瀬川を上下する小舟である。徳川時代に京都の罪人が遠島を申し渡されると、本人の親類が牢屋敷へ呼び出されて、そこで暇乞いをすることを許された。それから罪人は高瀬舟に載せられて、大阪へ回されることであった。それを護送するのは、京都町奉行の配下にいる同心で、この同心は罪人の親類の中で、おも立った一人を大阪まで同船させることを許す慣例であった。これは上へ通った事ではないが、いわゆる大目に見るのであった、黙許であった。

—— 森鷗外 『高瀬舟』（1916）より

それぞれの文体には特徴があり、私たちはその文章を「味わう」過程で、作風とか、作者の息遣いとか、そう表現されるものを感じ取ります。私たちは、「文章を読む」という行為の中で、単語を判別し、文章の構造を把握して、文章の意味を理解し、さらには文章からさまざまな情報を連想しています。これら一連のプロセスを人工知能に実装しよう、というのがこの章の試みです。

今回は、3人の文豪の作品をそれぞれいくつか集めて「特徴抽出・訓練」をし、「文豪判定器」を構築します。そして、テストデータとして、訓練には用いていない同じ作者の文を、この文豪判定器を用いて機械的に分類します。元データの作者を言い当てることができれば、正解とします。今回の場合、完璧な文豪判定器ならば正答率は 100% になり、まったくのランダムだとしても正答率は約 33% になるはずです。

このプロセス全体を通して学ぶ事は、第一に、**自然言語をどのように扱うか**、ということです。コンピュータ上で判定を行うということは、プログラム上で数学的な計算として実行することになります。しかし、自然言語を数学的に扱うということは、いったいどのようにするのでしょうか。第二に、**特徴抽出・訓練ではいったい何をしているのか**、ということです。文学作品の特徴を数学的に表現し、判定を行うというプロセスがどのように構築されるのかを学びます。第三に、**正答率はどれくらいか**を評価します。実際に設計した判定器の性能評価を、人工知能の性能評価方法を考える一例として見ていきます。

6-1　自然言語処理で文学作品の作者を当てよう　　165

SECTION 6-2 データセット「青空文庫」

　今回扱う 3 人の文豪の作品の多くは著作権による保護期間が終わっており，青空文庫[*1] において全文が公開されています。各作品はテキスト形式と XHTML 形式で公開されており，誰でも閲覧が可能です。ただし，特に戦前の文学作品には旧字・旧仮名で著作されたものが多く，少々扱いづらいため，データセットは基本的に新字・新仮名（いわゆる現代文）の著作をもとに作成することとします。

　それぞれの作家の作風を把握するために，複数の作品をもとに，太宰治，芥川龍之介，森鷗外の文章に近いか判別するモデルを構築します。作品は，総文字数・データ容量が大体同じくらいになるように選択しています。

表 6.2.1　今回取り扱う作家と作品

作家	太宰治	芥川龍之介	森鷗外
作品	あさましきもの 一問一答 一歩前進二歩退却 ヴィヨンの妻 嘘 炎天汗談 貨幣 グッド・バイ 走れメロス 美少女 火の鳥	あばばばば 秋 アグニの神 犬と笛 芋粥 馬の脚 保吉の手帳から 六の宮の姫君	阿部一族 仮名遣意見 じいさんばあさん 高瀬舟 薔薇（翻訳） 舞姫
生データ容量	329 KB	275 KB	271 KB

　青空文庫で公開されている著作は，基本的に原作を再現するようにルビが振られ，テキストファイルでは，以下のような構造になっています。このままでは少々都合が悪いので，山括弧でくくられたルビを全て削除したものを使います。

　　吾輩《わがはい》は猫である。名前はまだ無い。どこで生れたかとんと見当《けんとう》がつかぬ。　　　　　── 夏目漱石 『吾輩は猫である』 より

[*1] http://www.aozora.gr.jp/

SECTION
6-3
自然言語処理の考え方とは？

押さえる
ポイント

- ☑ 自然言語処理に，数学的にどういった挑戦があるかを理解する。
- ☑ 線形代数（ベクトル，行列）と自然言語の関係を理解する。

人工知能，というときには，ヒトの言葉を理解し操る能力，すなわち自然言語処理は備わっているというイメージを持たれると思います。しかし厄介なのは，「人工」知能に，「自然」言語処理をさせなければならないことです。それはすなわち，**私たちが日頃自然に行っている自然言語を解する作業を，数学的な概念に落とし込むこと**が必要なことを意味します。プログラミングは，あくまで数学的な概念を表現する作業です。

私たちが自然言語を処理するプロセスについては諸説ありますが，一般的には，(1) 自然言語のかたまり（文章）をばらばらな単語に分解し，(2) 要素間のつながり（構文）を発見し，(3) 意味・特徴を見いだすというステップを踏むと考えられています。

第一ステップは，単語分解です。皆さんは品詞分解を覚えていますか？ **文章を名詞，動詞，形容詞などの品詞別に分解すること**です。専門的には形態素解析といいます。品詞に限らず，言語が意味を持つ最小単位（形態素）まで分解する，という意味です。例として，「私達は人工知能を作るために勉強する」という文章を分解すると，以下のようになります。

> 私達 / は / 人工知能 / を / 作る / ため / に / 勉強 / する

母語を品詞分解すると，なんだか回りくどいことをやっているように思いますが，ヒトが古語や外国語を学ぶときには，ほとんどの場合で品詞分解を行います。皆さんにも経験があるはずです。

> えいあい / なる / もの / いかに / 作る / べし

6-3 自然言語処理の考え方とは？ 167

I learn basic math for the better understanding of AI.

　余談ですが，この英文例で分かるように，英語や欧州地域の言語のように単語単位で区切られる言語では，区切りがそのまま単語を形成しているので，この品詞分解は比較的簡単に行うことができます。一方，日本語，中国語，タイ語などのアジア諸国言語には，単語間に区切りのない言語があります。これらの言語では，以下のように品詞分解に失敗してしまう場合があります。

　　　　私／達／は／人／エ／知能／を／作るた／めに／勉強／す／る

　これが品詞分解に失敗している，ということが分かるのは，「エ」という名詞や，「作るた」という動詞が，私たちが知っている日本語として不自然だからです。つまり，形態素解析を行うときには，日本語の**辞書**が必要になるのです。残念なことに，私たちは，人工知能にとっては少々難しい日本語という言語を使っているため，英語よりも技術的なハードルは高くなり，**日本語を対象にした品詞分解（形態素解析）をどうするか**が課題になります。

　単語分解の第二ステップは，構文解析です。これは，ばらばらにした**単語同士のつながりを見つける**作業です。前述の例を使って考えると，以下の図に示すように，主語／述語がどのかたまりか，どこまでが名詞句／動詞句になるか，といったつながりを特定する作業が必要なことが分かります。

　最後のステップの意味解析は，最も複雑で難しいものです。なにせ私たちでさえ，同じ文章を読んでも意味を十分に読み取れない場合があるくらいです。国語や英語のテストで出てくる読解問題を思い出してください。あの問題は，受験者の脳内にある自然言語処理エンジンが持つ意味解析の力を測定するものだともいえます。ここでは，文章をベクトルの表現に直すことを考えてみます。こういった手法はベクトル空間解析と呼ばれます。

ベクトル空間解析とは，ある**文章中の単語数などをベクトル表記することで，文章の特徴を表現しようとする**考え方です。ベクトル化することで，内積やコサイン類似度などの数学的な処理を用いることができますから，これらを用いて文章間の相関関係を考えることができます。ベクトル空間解析は，文章を高次元なベクトルに抽象化した上で各種計算を行うため，ヒトにとっては直感的ではありません。その一方で，自然言語を抽象化して数学的表現にすることで，コンピュータにとってはとても直接的に処理できるようになります。大量の文章から特徴を抽出し，文章の類似度を考えるといった，ヒトが行う高度な自然言語処理を模倣することができるのです。本 CHAPTER では，このベクトル空間解析を通した自然言語処理の考え方と，その効果を見ていきたいと思います。

> **COLUMN　N-gram 解析**
>
> 　単語分解の方法には N-gram 解析という手法もあります。これは「辞書には限界があるし，機械による正確な品詞分解は難しいのだから，いっそ適当にバラバラにしてしまえ！」という考えのもと，機械的に文章を N 文字ごとに，1 文字ずらしながら分割してしまう方法です（正確にいうと，この手法を文字 N-gram 解析と呼びます）。以下に，$N = 3$ のときの N-gram の例を示します。
>
> 　私達は/達は人/は人工/人工知/工知能/知能を/能を作/を作る/作るた/るため/…
>
> 　この方法の場合，辞書が不要で分割処理は高速です。さらに，人名，専門用語，新語，造語，略語など，辞書で定義し切れない言葉も扱うことができます。しかし，分け方が単純なので，例えば「フライパン」が含まれる文面では，切り方によって「パン」というフレーズが登場してしまいます。さらに分割後のデータ量が膨大になってしまうというデメリットもあります。

6-3　自然言語処理の考え方とは？　169

SECTION 6-4
文章を品詞分解

押さえる ポイント

- ☑ ライブラリを活用した形態素解析の方法を理解する。
- ☑ 形態素解析の出力結果を理解する。

さて，本題である「文豪判定器」を作っていきましょう。まずは第一ステップの単語分解です。今回の処理対象は文学作品なので，未知の単語は比較的少ないはずですから，辞書を活用した形態素解析が有効だと考えられます。

日本語を形態素解析できるソフトウェアとして広く使われているのは，MeCab（めかぶ）です。これは，京都大学と NTT の基礎研究所が共同開発したものです。オープンソースソフトウェアで，ダウンロード，使用が全て無料であり，研究用途からスマートフォンアプリまで幅広く利用されています。内蔵されている IPA 辞書という日本語辞書には約 40 万語の単語が登録されており，コマンドを 1 行実行するだけで，文章を鮮やかに単語分解し，構文解析の手がかりになる品詞情報まで詳細に分析してくれます。

```
$ echo "私達は人工知能を作るために勉強する" | mecab
私      名詞,代名詞,一般,*,*,*,私,ワタシ,ワタシ
達      名詞,接尾,一般,*,*,*,達,タチ,タチ
は      助詞,係助詞,*,*,*,*,は,ハ,ワ
人工    名詞,一般,*,*,*,*,人工,ジンコウ,ジンコー
知能    名詞,一般,*,*,*,*,知能,チノウ,チノー
を      助詞,格助詞,一般,*,*,*,を,ヲ,ヲ
作る    動詞,自立,*,*,五段・ラ行,基本形,作る,ツクル,ツクル
ため    名詞,非自立,副詞可能,*,*,*,ため,タメ,タメ
に      助詞,格助詞,一般,*,*,*,に,ニ,ニ
```

勉強	名詞, サ変接続, *, *, *, *, 勉強, ベンキョウ, ベンキョー
する	動詞, 自立, *, *, サ変・スル, 基本形, する, スル, スル
EOS	

MeCab の実行例を示しました。「echo（エコー）」は，「出力せよ」という UNIX コマンド[*2]の命令文で，EOS は，「End Of Sentence（文の終わり）」という意味です。

MeCab は1文に対して1通りの形態素解析の結果を返します。そのため，うまく単語分解できない場合や，誤った結果を返すときもあります。「にわにはにわにわとりがいる（庭には2羽鶏がいる）」というちょっと意地悪な文章を MeCab に処理させてみると，以下のように失敗してしまい，ワニや埴輪が登場してしまいます。こういった紛らわしい文章や，前後の文脈から読み取る必要がある文章では，誤った形態素解析が行われるということも知っておきましょう。

```
echo "にわにはにわにわとりがいる" | mecab
```

に	助詞, 格助詞, 一般, *, *, *, に, ニ, ニ
わに	名詞, 一般, *, *, *, *, わに, ワニ, ワニ
はにわ	名詞, 一般, *, *, *, *, はにわ, ハニワ, ハニワ
にわとり	名詞, 一般, *, *, *, *, にわとり, ニワトリ, ニワトリ
が	助詞, 格助詞, 一般, *, *, *, が, ガ, ガ
いる	動詞, 自立, *, *, 一段, 基本形, いる, イル, イル
EOS	

さて，今回の3作家の文章を MeCab で全て単語に分割したところ，全部で約15,000 単語となりました。次に，この 15,000 単語の中から，文体を抽出するために単語をより分け，最適化することを考えてみます。

[*2] UNIX コマンドとは，OS（Windows など）の一種である UNIX を操作するためのコマンドです。

6-4　文章を品詞分解　171

SECTION 6-5 単語のフィルタリング

> **押さえる ポイント** | ☑ **ストップワード**の排除によるノイズの除去手法を理解する。

　さて，文章を品詞分解しましたが，品詞には，一人一人の文章の特徴とは関係ないものも含まれます。このような特徴とは関係のない単語のことを**ストップワード（Stop words）**と呼びます。日本語でいえば，「て」「に」「を」「は」や「です」「ます」などです。英語では「of」「the」「a」などです。単語を選別することで，意義深い結果が得やすくなるだけでなく，計算負荷を減らすことができます。今回の3作家の文章で，出現する頻度が高い単語を見てみましょう。

表 6.5.1　頻出単語と出現回数（上位5単語）

単語	，	の	。	に	は
出現回数	133,825	8,869	8,102	6,747	6,410

　確かに，以上のような助詞や句読点は文章判定とあまり関係なさそうです。そこで，今回は，使用した訓練データ全て（3作家分の文章の全て）の中で，共通して多かった語の上位3%をストップワード辞書として使用し（ストップワード除去数：約500語），太宰，芥川，森の3作家の文章から，これらの単語を削除したものを解析します。

　「著者の文章の特徴は句読点や"てにをは"の使い方に現れやすいのに，削除してもいいの？」と疑問を持った方もいらっしゃるかもしれません。確かにその通りで，今回のような筆者推定では，ストップワード除去をしないケースもあります。実際ストップワード除去をしないと，今回のケースはテストデータでF値（後述）が約7%上がりましたが，未学習データ（今回の訓練データやテストデータに使っていないデータ）を使って検証したところ，逆にF値が約5%下がりました。そのため，今回はストップワードの除去をしましたが，実務面では，目的や精度や学習時間などから総合的に判断することになります。

SECTION 6-6 文章を単語ベクトルに変換

押さえるポイント
- ☑ Bag-of-Words（BoW）の概念を理解する。

さて，このような単語群を扱いやすくするため，文章をベクトルに変換する手法を考えます。架空の作家である猫大好き猫田さんと山に夢中な山岡さんの例を考えます。彼らの文章を単語分解し，3つの単語「猫」「山」「幸せ」に注目して，出現回数を数えてベクトル化し，図示しました。

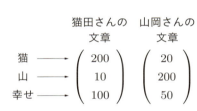

図 6.6.1 ベクトル化した文章

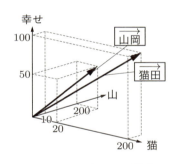

図 6.6.2 ベクトルの図示

猫田さんと山岡さんの文章を，ベクトル空間内で表現することができましたから，例えば猫田ベクトルと山岡ベクトル以外にもう1つのベクトルをこの空間内にプロットしたとき，どちらのベクトルにより近いか，ということを，例えばコサイン類似度などの概念を使って考えることができるようになります。

猫田さんと山岡さんの比較例では，それぞれの作風を3次元（3単語）で分析しましたが，それぞれ複数の作品を持つ3人の文豪の作風を比較するには，はるかに多くの次元が必要になるはずです。実際，数千〜数万次元（数千〜数万単語）のベクトルを使って分析をすることになります。このような高次元空間は，ヒトが直感的に想像できるものではありませんね。MeCab の内蔵 IPA 辞書に含まれる

単語は約 40 万語ですから，日本語の場合は最大で 40 万次元のベクトルが用意されるということです。このように，単語にベクトルの各列を割り当てておいて，出現回数などを要素とすることで文章をベクトル化したものを，**Bag-of-Words (BoW) ベクトル**と呼びます。

図 6.6.3　ベクトル表現の方法

この BoW ベクトルによって，「作風」という捉えどころのないものを，数学的に取り扱えるものの中に閉じ込めることができました。なお，ベクトルの演算は比較的単純な四則演算を繰り返すものが多いため，人間よりもコンピュータの方が圧倒的に有利になりますから，まさに人工知能にうってつけの考え方なのです。

SECTION 6-7 単語ベクトルの重み付け

押さえる ポイント
- ☑ TF-IDF による**重み付け**の意義と，数学的意味を理解する。
- ☑ 重み付けルールの考え方を理解する。

　さて，私たちの目的は，「文章を読み取り，どの文豪の作風に似ているかを判定する」ことです。たいていの場合，ある作家には特定の単語があったり，語尾が付いたりしています。例えば，猫に関することしか書かない猫田さんの文章には「猫」が必ずあるでしょうし，登山日記しか書かない山岡さんの文章には「山」が欠かせないはずです。このような共通している単語や独特な単語・語尾などの注目すべき語を**特徴語**と呼びます。特徴語が分かっていて，その特徴語を含む文章が与えられれば，その著者は高い割合で推定できるでしょう。つまり，各文豪の特徴語リストがあれば，作風を判定できそうですね。

　しかしそう簡単にはいきません。実際の文章の中には多くの特徴語がありますし，特徴語に重複があるかもしれません。そこで，**重み付け**を行うことを考えます。もともとの BoW ベクトルは単語の出現数を数えただけでしたが，このうち

猫田さんの
文章

$$
\begin{array}{c} 猫 \\ 山 \\ 幸せ \end{array}
\longrightarrow
\begin{pmatrix} 200 \\ 10 \\ 100 \end{pmatrix}
\circ
\begin{pmatrix} 0.5 \\ 0.1 \\ 0.1 \end{pmatrix}
=
\begin{pmatrix} 100 \\ 1 \\ 10 \end{pmatrix}^{*3}
$$

単語　　　　　重み付け　　より特徴が
出現回数　　　行列 W　　表現できる
　　　　　　　　　　　　　ベクトル

図 6.7.1　重み行列

---

*3 ∘ とはアダマール積を表す記号です。アダマール積とは，同じサイズの行列に対して成分ごとに積を取って定まる行列の計算のことを指します。

6-7　単語ベクトルの重み付け　175

重要度が高そうなものの数字は大きく，重要度が低そうなものは小さくなるように，補正のための重み付け行列を掛け合わせることを考えます。これにより，より特徴をはっきりと表現できるベクトルが生成されることが期待できます。

　重み付けの方法として，ここでは TF-IDF（Term Frequency-Inverse Document Frequency；単語頻度−逆文書頻度）を使います。TF は，対象の単語が，ある文書中にどれだけの頻度で出現しているかを表す指標で，単語出現数をすべての単語の出現回数の和で割ることで求められます。例えば，すべての単語が 10,000 回出ている文章内に，120 回出てくる単語の TF は，$120/10000 = 0.012$ になります。単純に出現数が多ければ，TF は大きくなります。IDF は，対象の単語が含まれる文が，文章全体にどれだけの頻度で出現していないか，いわば珍しさを表す指標です。全体の文数を対象の単語を含む文数で割り，対数を取ったものを用います。10,000 単語の文章が 1,000 文からなるときに，120 回出てくる単語が 100 文あった場合，IDF は $\log_{10}(1000/100) = \log_{10}(10^1) = 1$ となります。対数を取ることで，数倍単位での値の変化に対してよく反応する指標になります。この TF と IDF を用いて，TF-IDF は次のように求められます。

《公式》

　ある文章全体が，D 個の文，N 個の単語からなるとする。

　このとき，単語 t が n 回現れるとき，TF（Term Frequency）は，

$$\mathrm{TF} = \frac{n}{N}$$

単語 t を含む文が d 個あるとき，IDF（Inverse Document Frequency）は，

$$\mathrm{IDF} = -\log_{10}\frac{d}{D} = \log_{10}\frac{D}{d}$$

TF-IDF は，TF と IDF の積である。

$$\mathrm{TF\text{-}IDF} = \mathrm{TF} \cdot \mathrm{IDF} = \frac{n}{N}\log_{10}\frac{D}{d}$$

※ IDF の対数の底は，任意の 1 より大きい実数でよい。ここでは簡便にするため常用対数を取っている。

さて，ここで例題を通じて実際の文章の分析をしてみましょう。

➡ 例題

太宰治の作品「一歩前進二歩退却」から一部を抜粋しました。この文章を，MeCab で形態素解析を行い，単語の数を数え，TF-IDF を求めなさい。

作家は，いよいよ窮屈である。何せ，眼光紙背に徹する読者ばかりを相手にしているのだから，うっかりできない。あんまり緊張して，ついには机のまえに端座したまま，そのまま，沈黙は金，という格言を底知れず肯定している，そんなあわれな作家さえ出て来ぬともかぎらない。

謙譲を，作家にのみ要求し，作家は大いに恐縮し，卑屈なほどへりくだって，そうして読者は旦那である。作家の私生活，底の底まで剥ごうとする。失敬である。安売りしているのは作品である。作家の人間までを売ってはいない。謙譲は，読者にこそ之を要求したい。

― 太宰治 『一歩前進二歩退却』 より

さて，まず MeCab の形態素解析の結果から，単語数などを数えると以下のようになりました。

単語数：150，単語の種類：48，文数：10

「作家」の出現数は 6 回で，文数は 5 つです。ここから，$\mathrm{TF} = 6/150 = 0.04$，$\mathrm{IDF} = \log_{10}(10/5) = 0.301$ と求められます。これらを掛け合わせることで，TF-IDF は 0.0120 と求めることができます。同様の作業を 48 種類の単語全てに行うことで，重み付けをした BoW ベクトルを生成することができます。

単語の出現数が 2 回以上であった単語 11 種類の一覧と，計算した TF-IDF を表 6.7.1 にまとめました。出現回数が 1 回の単語 37 種を含めた 48 種類の単語の TF-IDF をそれぞれの行に割り当てた 48 次元ベクトルが，この文章の重み付け後の BoW ベクトルになり，この文章の特徴を圧縮したものになります。最も TF が大きいのは「は」，最も IDF が大きいのは表に記載されていない 1 回のみ出現した単語群であり，最大の TF-IDF をとるのは「し」，次いで「て」，「底」，「作家」となりました。以上を踏まえて，今回の TF-IDF を計算すると，以下のような結

6-7　単語ベクトルの重み付け　177

表 6.7.1　例題の TF-IDF

ID	単語	出現数	出現文数	TF	IDF	TF-IDF
1	は	9	7/10	0.060	0.155	**0.0093**
2	し	8	5/10	0.053	0.301	**0.0161**
3	の	7	6/10	0.047	0.222	**0.0104**
4	作家	6	5/10	0.040	0.301	**0.0120**
5	て	6	4/10	0.040	0.398	**0.0159**
6	ある	5	5/10	0.033	0.301	**0.0100**
7	で	4	4/10	0.027	0.398	**0.0106**
8	読者	4	4/10	0.027	0.398	**0.0106**
9	底	3	2/10	0.020	0.699	**0.0140**
10	謙譲	2	2/10	0.013	0.699	**0.0093**
11	まで	2	2/10	0.013	0.699	**0.0093**

果になります。ちなみに，例題ではストップワード除去を行っていません。

　ストップワードを使って，太宰, 芥川, 森の 3 作家の文章に共通で頻出する単語を除去した後に，TF が大きい順に上位 10 位まで並べたものが表 6.7.2 です。ここから IDF で重み付けを行えば，作風をうまく抽出したベクトルが生成できそうです。

表 6.7.2　太宰/芥川/森 3 作家の TF の上位 10 位

太宰治	芥川龍之介	森鷗外
たばこ	マツチ	よそ
わな	つまらな	とともに
づしたる	キユラソオ	おっしゃら
すみません	云っ	立つ
レインコオト	いらっしゃい	阿部
飲ま	何	入っ
何かと	下げ	切り
円	時	玉
朝	何しろ	書く
泣き	芋粥	併

　ちなみに，3 作家の文章に出現し，ストップワードを除去した単語は約 14,500 単語，文章の総数は約 9,000 文でした。今回の文豪判定器は，与えた文章から生成したモデルを用いて，元の与えた文章を判定するというものです。そのため，この約 14,500 単語の TF-IDF からなる 14,500 次元のベクトル空間のことを考えればよいことになります。

SECTION 6-8 文章の分類

押さえる
ポイント
- ☑ クラス分け問題のさまざまな考え方を理解する。
- ☑ ロジスティック回帰（かいき）の概念と，計算手法を理解する。

　さて，ここからベクトル表現した文豪の作風を基に，文豪判定器を作っていきます。判定方法には，さまざまな考え方があり，一概にこの方法が正しい，というものはありません。考え方を整理するために，直感的に想像ができる前出の猫田・山岡ベクトルに再び登場してもらいましょう。

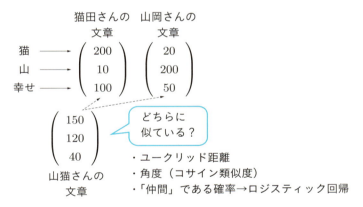

図 6.8.1　文章の類似度の表現方法

　ここに，山猫さんという作家の文章を基に生成された，新たな BoW ベクトルが現れました。この山猫ベクトルが，猫田さん寄りなのか，山岡さん寄りなのかを判定することを考えます。

　それぞれの特徴は，ベクトルにより 3 次元空間内に点として示されていますから，最も簡単な類似度の表現方法は，ユークリッド距離を計算することでしょう。あるいはベクトルの角度が近いことをもって類似度を表現する場合には，コサイ

ン類似度を計算することも考えられます。このようなベクトル空間内で幾何的に類似度を表現・比較する方法も一つの手法です。

今回は，分類があいまいなものを判別することが得意なロジスティック回帰を導入することにします。ロジスティック回帰によって，**類似度を確率によって表現する**ことができるため，猫田さん寄りか，山岡さん寄りか，という単純な分類よりも踏み込んだ情報を得ることができるようになります。

ロジスティック回帰は，確率 p で 1，確率 $1-p$ で 0 を取るような離散確率分布であるベルヌーイ分布を基に，確率的に 1 か 0 かの値を取るものと考え，以下のような仮定の下で計算する方法です。

> 《公式》
> ある入力 x（x は実数）を，出力 $y=\{0,1\}$ のいずれかに分類することを考え，$y=1$ となる条件付き確率 $p(y=1|x;\theta)$ を，以下のように定義する。ただし，θ（θ は実数）はパラメータである。
> $$p(y=1|x;\theta) = \frac{1}{1+\exp(-\theta^T x)}^{*4}$$

なお，$p(\theta) = \frac{1}{1+\exp(-\theta)}$ という関数はロジスティック関数と呼ばれる形になっており，値域が 0〜1，平均値が 0.5 となるような関数です。**シグモイド関数**とも

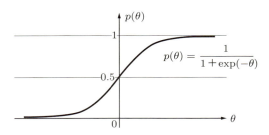

図 6.8.2　シグモイド関数

[*4] $-\theta^T$ の T は転置を示しています。転置とは，$m \times n$ 型の行列 A の (i,j) 要素と (j,i) 要素を入れ替えて $n \times m$ 型の行列にする操作です。例えば，行列 $A = \begin{pmatrix} 1 & 2 & 3 \\ 4 & 5 & 6 \end{pmatrix}$ を転置すると，$A^T = \begin{pmatrix} 1 & 4 \\ 2 & 5 \\ 3 & 6 \end{pmatrix}$ となります。今回は $\theta = (\theta_0 \ \theta_1 \ \theta_2 \ \cdots)$, $x = (1 \ x_1 \ x_2 \ \cdots)$ という 1 行の行列を想定しているので，転置して掛け算をすると，3-10 で扱った定義より $\theta_0 \times 1 + \theta_1 \times x_1 + \cdots$ という計算ができます。

呼ばれます（1-8 参照）。定義域は実数全体で，$\theta > 0$ となるとき，$y = 1$ である確率 $p(\theta)$ が 0.5 より大きくなる，という性質があります。そのため，$\theta = 0$ を境界として，$\theta \geqq 0$ のときに $y = 1$（あるクラスに分類される），$\theta < 0$ のときに $y = 0$（あるクラスには分類されない）となると考えます。つまり，訓練用の m 組のデータセット (x_i, y_i)，$1 \leqq i \leqq m$ を与えたとき，以下の式が成り立つとします。

$$p_i\left(y = y_i | x_i; \theta\right) \geqq 0.5 \text{ のとき，} y_i = 1$$
$$p_i\left(y = y_i | x_i; \theta\right) < 0.5 \text{ のとき，} y_i = 0$$

さて，ここで最適なモデルを導出するため，以下の**目的関数（コスト関数；Cost Function）** $J(\theta)$ を最小にするような θ を求めましょう。見通しを良くするため，$p_i\left(y = y_i | x_i; \theta\right) = p_{x_i}$ と置けば，以下のように設定できます。

$$J\left(\theta\right) = \frac{1}{2m} \sum_{i=1}^{m} \left(p_{x_i} - y_i\right)^2$$

$J(\theta)$ を最小化するような θ を求めるとき，この損失関数を展開して計算するよりも，$0 \leqq p_{x_i} \leqq 1$ であり，y_i は 0 か 1 しか取らないことを踏まえると，以下のように損失関数を捉え直し，関数 $L(\theta)$ を最小化するような θ を求めた方がより簡便な計算となります。この関数はクロスエントロピー誤差関数と呼ばれます。

$$L\left(\theta\right) = -\sum_{i=1}^{m} \left(y_i \log(p_{x_i}) + (1 - y_i) \log(1 - p_{x_i})\right)$$

クロスエントロピー誤差関数の $\sum$ の中に 2 つの項がありますが，y_i は 0 か 1 しか取らないので項が 1 つなくなり，実際に計算するときには 1 つの項のみのシンプルな形となります。クロスエントロピーの式で負の記号が付き，項で対数（$\log$）を取る理由に関しては，7-7 のコラムで改めて扱います。

さて，ここで重要なことを思い出す必要があります。今回，ロジスティック回帰の入力に使うのは，高次元な BoW ベクトルです。3 人の文豪ベクトルの次元は約 14,500 次元でした。すなわち，入力であるベクトル x，そしてパラメータである θ も，14,500 次元ベクトルですから，14,500 の要素が調整できる，14,500 次元空間上の最適化問題であるといえます。しかし，これを愚直に解くと，CHAPTER 5 でも出てきた**過学習**の問題に直面してしまいます。訓練データをもとに，ここで

6-8 文章の分類　181

も**正則化をして過学習を回避する**必要が出てきます。今回取り扱う scikit-learn のロジスティック回帰の初期値では $L2$ 正則化が行われます。

> **《公式》**
>
> $L2$ 正則化した場合の対数目的関数は，以下の通り。ただし，λ は正則化の強さを表すパラメータである。
>
> $$L\left(\theta\right) = \sum_{i=1}^{m}\left(y_i \log\left(p_{x_i}\right) + \left(1 - y_i\right)\log\left(1 - p_{x_i}\right)\right) + \frac{1}{2\lambda}\sum_{j=1}^{n}\theta_j^2$$

　さて，ロジスティック回帰を用いて白か黒かの判定を確率的に行うことができるようになりましたが，今回は 3 作家の誰に似ているかを判定する必要があります。すなわち，出力 $y \in \{0, 1, 2\}$ に割り当てる必要があります。このような場合には，$y = i$ と $y \neq i$ の 2 値分類問題[5]として考え，**$p_i(y = i|x; \theta)$ を $i = 0, 1, 2$ の場合についてそれぞれ求め，p_i が最大となるようなクラスであると判定すればよい**でしょう。

　このようなロジスティック回帰を，約 14,500 次元のベクトル空間内で表現される，3 作家が書いた文章の TF-IDF ベクトルに対して行うことで，めでたく「文豪判定器」が完成します。

---

[5] このような手法は One-vs-Rest と呼ばれます。

SECTION 6-9 完成したモデルの評価

押さえるポイント
- ☑ ホールドアウト法によるモデルの検証法を理解する。
- ☑ 精度（Precision），再現率（Recall），F値による評価を理解する。

この SECTION では，ここまで紹介した自然言語処理を通して構築されたモデルが，どの程度優れているものかを評価します。まず，図でこれまでの内容を整理し，この SECTION で考えるべきことをまとめます。

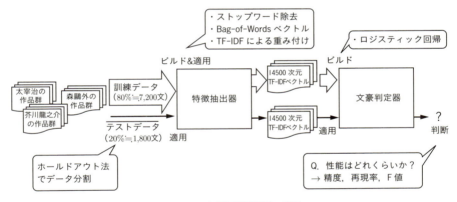

図 6.9.1　自然言語処理の流れ

ここまで，特徴抽出の結果として，TF-IDF ベクトルを多数生成し，ロジスティック回帰にかけて文豪判定器を作成しました。予め訓練に使わず残しておいたデータをテストデータとして，特徴抽出器と文豪判定器に投入し，判断が正しいかどうかを評価することで，このモデルの性能を判断できます。

訓練データとテストデータの分け方ですが，今回は**ホールドアウト法**を使いましょう。今回は 20% をテストデータとします。すなわち，全部で約 9,000 文

（個）あるデータセットのうち，7,200 文を訓練用，1,800 文をテスト用とします。

CHAPTER 5 では数値解析を行う問題だったので，決定係数を指標としましたが，今回のカテゴリ分割問題では，どのような指標で評価すべきでしょうか？ ここで使うのは，精度（適合率；Precision），再現率（Recall），そして F 値（F-Value，あるいは F_1-score）です。精度，再現率，F 値の議論をするために，TP, FP, FN, TN という指標を確認しましょう。

表 6.9.1　TP, FP, FN, TN の関係

		予測結果	
		正	負
真の結果	正	真陽性（True Positive） TP	偽陰性（False Negative） FN
	負	偽陽性（False Positive） FP	真陰性（True Negative） TN

例えば，「芥川龍之介の文章を推定する」ことを考えてみましょう。このとき，芥川龍之介の文章を，正確に芥川龍之介の文章だと推定できたら，その予測は TP にカテゴライズされます。また，芥川龍之介の文章でないものを，正確に芥川龍之介の文章でないと推定できたら，その予測は TN にカテゴライズされます。ここまでは分かりやすいでしょう。

このとき，芥川龍之介の文章を，間違えて芥川龍之介の文章でないと推定してしまったとしましょう。その予測は，真の結果が「正」なのに，予測結果が「負」なので，FN にカテゴライズされます。また，芥川龍之介の文章でないものを，間違えて芥川龍之介の文章であると推定してしまったとしましょう。その予測は，真の結果が「負」なのに，予測結果が「正」なので，FP にカテゴライズされるのです。このように，最終的にカテゴリに分かれるモデルについては，必ず TP, FP, FN, TN のどれかに分類することができます。

その上で，指標を確率として表現するために，精度，再現率，そして F 値を計算します。計算方法は，次の通りです。

《公式》

精度（適合率，Precision）

$$\text{Precision} = \frac{TP}{TP + FP}$$

再現率（Recall）

$$\text{Recall} = \frac{TP}{TP + FN}$$

F 値（F-Value）

$$F = \frac{2 \times \text{Recall} \times \text{Precision}}{\text{Recall} + \text{Precision}} = \frac{2TP}{2TP + FN + FP}$$

ここで精度とは，判定モデルが「これは芥川作品」と判断した場合に，本当に芥川作品である確率です。さらに，再現率は，芥川作品を判定器に投入した場合に，「これは芥川作品」と言い当てる確率です。

いずれも評価指標としてはもっともらしく，大きいほど性能が高いと考えられそうですが，この2つの指標，**精度と再現率はトレードオフの関係**にあります。例えば，極端に芥川作品に対する再現率が高い判定器を作ることを考えてみると，何が投入されようと全て「これは芥川作品」と判断しておけば，芥川再現率100%の判定器になることが分かると思います。ただし，この場合，芥川作品でないものでも「これは芥川作品」と判断してしまうため，精度が落ちてしまいます。逆に，極端に精度が高い判定器を作る場合には，絶対に判断を間違えないように，少しでも怪しいところがあれば「これは芥川作品ではない」と判断しておけば安心です。ただし，そうすると，芥川作品であっても「これは芥川作品でない」と判断されるものが増えることを意味しますから，再現率が下がっていきます。

そこで，再現率と精度の両方を加味した指標である F 値が用いられます。この3つの指標の中で，F 値は病気の発生率や調査対象となる集団の大きさなどに左右されにくい評価尺度であり，よく用いられます。

さあ，お待ちかねの結果発表です。今回の手法による自然言語処理エンジンの性能評価の結果は，次のように出力されました。

6-9　完成したモデルの評価

表 6.9.2 性能評価の結果

	精度 (Precision)	再現率 (Recall)	F値	文数
太宰	0.72	0.95	0.82	732
森	0.94	0.66	0.78	492
芥川	0.87	0.72	0.79	551
平均/合計	0.83	0.80	0.80	1,775

全体としては，精度 83%，再現率 80%，F 値 80% の判定器ができました．複雑なモデルではありませんが，それなりの性能が出ているのではないでしょうか．

また，出力として混同行列（Confusion Matrix）も出力しました．これは，3 つのクラスへの分類問題の結果を 3×3 行列でまとめたもので，対角成分 x_{ii} が正解数，それ以外の要素は，別のクラスとして誤判定した数をまとめたものです．この混同行列を見ると，芥川作品，森作品を太宰作品であると誤答する場合がかなり多かったことが分かります．

この判定器を改良することを考える場合，こういった評価結果を基に，どの精度・再現率を上げることを狙うのか，そのときに特徴抽出・重み付け・ベクトルの最適化・回帰／分類モデルのどの部分を変更するのかを考え，その効果を検証することになります．

図 6.9.2 混合行列

7

> CHAPTER 7

実践編 3

　このCHAPTERでは，ディープラーニングの一種である DNN（ディープニューラルネットワーク）のアルゴリズムについて，画像認識を通じて学んでいきます。人の脳を模して構成された数学モデルであるニューラルネットワークを多層に重ねることで，人工知能の精度は急速に進展することになりました。

　プロの棋士に勝利する囲碁 AI，私たちの話し言葉を理解して反応する音声アシスタント，ハンドルを握らなくても好きな所へ行ける自動運転など，近年注目を浴びているさまざまな技術に深く関わっているディープラーニングについて，これまでの数学の知識を活用して学んでいきましょう。

SECTION 7-1 ディープラーニングで手書き数字認識をしてみよう

　この CHAPTER のテーマは，画像を識別することができる人工知能を開発することです。いままで，コンピュータが画像の識別を行うのはとても難しいとされてきましたが，ディープラーニングの登場によってこの識別精度は格段に向上しました。

　図 7.1.1 は画像認識コンペティション ILSVRC（IMAGENET Large Scale Visual Recognition Challenge）での画像分類でトップの成績を出したチームのエラー率の推移です。2011 年までは従来の機械学習手法（SVM など）がトップでしたが，2012

図 7.1.1　ILSVRC でのエラー率の推移[1]

年にディープラーニングを利用して大幅にエラー率を下げたことが話題を呼びました。2013 年以降もディープラーニングを用いた手法を発展させてエラー率は急激に下がり，2015 年には人間よりも優れた性能を持つようになりました。

　今回は，このディープラーニングの手法，そのなかでも最も基本的な DNN（ディープニューラルネットワーク）というアルゴリズムを使って，「手書き数字認識」を行うことを考えてみます。例えば，はがきの郵便番号欄に書かれた文字を自動判別するシステムを開発するケースを考えるとよいでしょう。正方形の枠の中に手書きで 0〜9 の数字を書くと，人工知能モデルによって，その手書き数字がどの数字に該当するのかを判別することに挑戦します。

この本で扱う Python コード　https://github.com/TeamAidemy/AIMathBook
[1]　http://image-net.org/challenges/talks_2017/ILSVRC2017_overview.pdf

SECTION 7-2 データセット「MNIST」

さて，今回はデータセットとして「MNIST」[2] という手書きの数字の画像がそろっているデータセットを利用します。MNIST とは，「人工知能プログラミングの Hello World」[3] といわれるほど最もメジャーなデータセットです。MNIST データがどのようなデータセットなのか，実際に見てみましょう。図 7.2.1 に正解ラベルとセットでその内容を示しました。手書きの文字であるため，同じ数字でも，横棒が少し長かったり，全体的に横や縦に長かったりと形が少し異なります。また，点線の丸で示した画像のように，人間の目から見ても 5 なのか 6 なのか見分けが付かないものも含まれています。

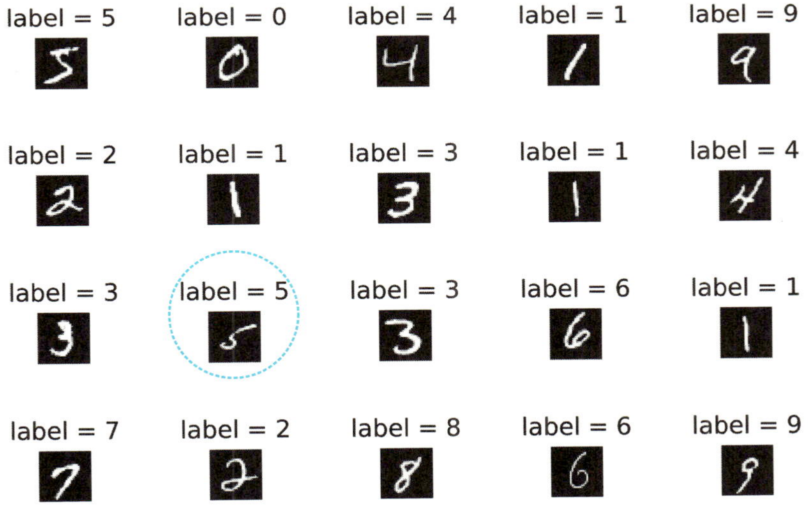

label = 5	label = 0	label = 4	label = 1	label = 9
label = 2	label = 1	label = 3	label = 1	label = 4
label = 3	label = 5	label = 3	label = 6	label = 1
label = 7	label = 2	label = 8	label = 6	label = 9

図 7.2.1　MNIST のデータセットの例

---

[2] http://yann.lecun.com/exdb/mnist/
[3] どんな言語であれ，プログラミングで最初に学ぶことはたいてい「Hello World」という文字列を画面に出力することです。そこから転じて，「〜の Hello World」とは，〜を初めて行う人が一番始めに行うこと，ということを示しています。

7-2　データセット「MNIST」　　189

MNISTには，0～9のモノクロの手書きの数字の画像が約7,000枚ずつ，合計70,000枚格納されています。今回は，70,000枚のうち，60,000枚を訓練データ，10,000枚をテストデータとして分割します。コンピュータ上では，画像は全て小さな点の集まりで表現されます。この粒の最小単位を1ピクセルと呼びます。今回MNISTデータは，縦28ピクセル×横28ピクセル＝合計784ピクセルの画像のサイズになります。さらに，各ピクセルは0-255の合計256種類の整数値を取ります[4]。これは，0が黒，255が白を示しており，その中間値はグレーの度合いを示しています。また，画像一枚一枚に**正解ラベル**がついています。正解ラベルとは，手書き数字一つ一つがどの数字に該当するかを示したものになります。正解ラベルは，**教師あり学習**と呼ばれるジャンルの人工知能アルゴリズムを試す際には必須の項目です。今回取り扱うアルゴリズムも教師あり学習の一つになります。

COLUMN　教師あり学習，教師なし学習とは？

　人工知能アルゴリズムには，大きく分けて「教師あり学習」「教師なし学習」が存在します。教師あり学習とは，正解ラベルの付いたデータセットを用意し，人工知能モデルを作る学習です。この書籍で扱う実践編の3ケースとも，この分野に分類されます。教師なし学習とは，正解ラベルの付いていないデータセットを用意し，人工知能モデルを作る学習です。3-13の「人工知能ではこう使われる！」で紹介した，主成分分析は，教師なし学習に分類されます。基本的にはこのどちらかに分類されます。

　しかし，最近はこのどちらにも分類されない「強化学習」などの手法の進化も目覚ましいです。強化学習は，囲碁AIとして名をはせたAlphaGoで利用されているアルゴリズムです。これは，人間が行動の選択肢の提示と報酬（罰）の設定のみを行い，コンピュータが自動的に行動アルゴリズムを取得する人工知能モデルです。

---

[4] なお，画素値の正規化として，値を255で割り0～1の範囲に変換した方が，学習のスピードが早まることが知られています。今回の実装でも，このようなデータの前処理を加えています。

SECTION 7-3 ニューラルネットワークとは(1)

> **押さえるポイント**　☑ ニューラルネットワークの概要を理解する。

　さて，ディープラーニング，その中でも今回取り扱うアルゴリズムであるディープニューラルネットワーク（DNN；Deep Neural Network）の特徴について，もう少し具体的に見てみましょう。ニューラルネットワークはデータを読み込む入力層，最終的なデータを出力する出力層，そして入力層と出力層の間には中間層と呼ばれる層が1層以上存在します。そして，それぞれの層はノードと呼ばれる人工のニューロンによって構成されています。一般に，この中間層が2層以上あるものを DNN と呼びます。

　ニューラルネットワークとは人間の脳にある神経細胞（ニューロン）と，そのネットワークを模した数学モデルのことです。ニューラルネットワークを理解するために，まずはこの神経細胞の仕組みを確認しましょう。

　図 7.3.1 のように，神経細胞は互いにつながり合いながら電気信号を受け取り，また次の神経細胞に電気信号を送ります。そして，この電気信号のやりとりによって情報を処理していると考えられています。

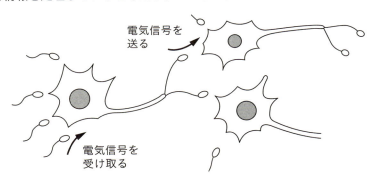

図 7.3.1　ニューロンの概要

ここで1つの神経細胞に注目してみましょう。1つの神経細胞は複数の神経細胞から電気信号を受け取ります。そして，その電気信号の和がある値を超えると，発火して次の神経細胞に一定の大きさの電気信号を送ります。

図 7.3.2　ニューロンが発火する様子

この神経細胞を人工的に再現したものが，ニューラルネットワークにおける**ノード（人工ニューロン）**です。ノードも神経細胞と同じように入力に応じて一定の値を出力します。ノードは入力値 x に対して，重み w を掛けた後でバイアス b を足します。そしてその値を，次節に述べる活性化関数 σ によって変換した値 a を出力します。なお，入力値 x は複数個取るケースがほとんどで，それと対応するように重み w も複数個取られます。

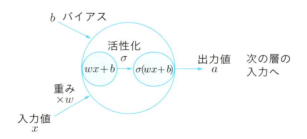

図 7.3.3　ニューロン内部の処理

そして，このようなノードを連結させることでニューラルネットワークは構成されます。さて，MNIST データを用いた画像識別では，まず $28 \times 28 = 784$ ピ

クセルの手書き数字の画像のピクセルごとの情報が，対応する784個のノードで構成された入力層で読み込まれます。入力層で読み込まれた情報は中間層を通り，最終的に出力層を構成する10個の各ノードから出力されます。この出力された値は0～9の数字に対応しており，画像が0～9のどの数字である可能性が高いのか，その確率が出力されます。そして，最も確率の高かった数字を，入力された画像が表している数字であると判断します。これを概念図で示したものが図7.3.4になります。

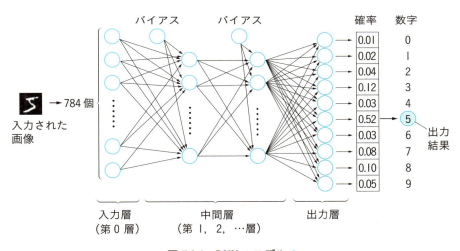

図 7.3.4　DNN のモデル[*5]

以上のようなモデルのもと，人工知能は，ノード（人工ニューロン）一つ一つの重みやバイアスを調整します。それでは，ニューラルネットワークではどのように重みやバイアスを学習しているのでしょうか。次のSECTIONで確認しましょう。

[*5] このようなモデルは多層パーセプトロンと呼ばれる場合もあります。

SECTION
7-4 ニューラルネットワークとは (2)

> **押さえる**
> **ポイント**
>
> ☑ **活性化関数**を用いて非線形変換が行われている
>   ことを理解する。

　このSECTIONでは前のSECTIONに出てきた活性化関数について詳しく見ていきます。ニューラルネットワークによく用いられる活性化関数を実際に見てみましょう。ここでは，ニューラルネットワークでよく使われている，シグモイド関数，ReLU関数の2つの活性化関数について確認しましょう。

　まずはシグモイド関数です（1-8参照）。標準シグモイド関数を使うことが多く，数式で

$$\varsigma(x) = \frac{1}{1 + \exp{(-x)}}$$

と表されます。このシグモイド関数を使った分類モデルとしてはロジスティック回帰があり，CHAPTER 6でも分類器として扱いましたね。

　また，ReLU関数もあります（2-7参照）。最近ではシグモイド関数に代わってこの活性化関数が用いられるようになりました。これは数式で

$$\varphi(x) = \max(0, x) = \begin{cases} 0 \ (x \leqq 0) \\ x \ (x > 0) \end{cases}$$

と表される関数になります。数式を見れば分かる通り，ReLU関数は入力が0以下であれば0を出力し，入力が0より大きいときは入力値をそのまま出力する非常にシンプルな関数です。

　それぞれの活性化関数のグラフを図示すると，図7.4.1，図7.4.2のようになります。

図 7.4.1　シグモイド関数　　　　　図 7.4.2　ReLU 関数

　ところで，この2つの活性化関数には，ともに非線形な関数であるという共通点があります。非線形とは簡単にいえば，1本の直線では表せないという意味です。この非線形な関数を用いることで，1本の直線では分けることのできないものを分けられるようになる（＝非線形な領域に分けられるようになる）のです。

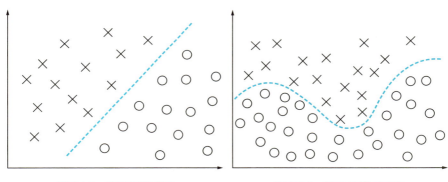

図 7.4.3　線形分離可能　　　　　　図 7.4.4　線形分離不可能

　例えば，図 7.4.3 のような分類のとき，〇と×を分けるには1本の直線を引けばよいことが分かります。これを線形な領域といいます。しかし，図 7.4.4 で〇と×を分けるためには，曲線を引く必要があります。このように曲線でできた領域を非線形な領域といいます。そしてニューラルネットワークはこの非線形な領域の分離を，層を重ねることによって実現したのです。そして，活性化関数が非線形であるため，ニューラルネットワークの表現力が向上するのです。

SECTION 7-5 ディープなニューラルネットワークとは

> 押さえる
> ポイント
>
> ☑ ディープなニューラルネットワークの概要を理解する。

　ニューラルネットワークが入力層，中間層，出力層によって構成されているのは先ほどお話した通りです。そしてディープラーニングの一つに，このニューラルネットワークの中間層を多くするというアルゴリズムがあります。このような手法をディープニューラルネットワーク（DNN）と呼びます。

合計3層のニューラルネットワーク　　ディープニューラルネットワーク

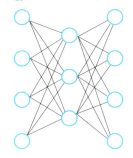
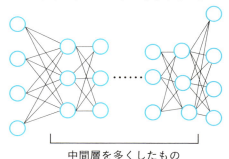

中間層を多くしたもの

図 7.5.1　合計3層のニューラルネットワークとディープニューラルネットワーク

　簡単に説明すれば，ニューラルネットワークを多層化してデータの特徴量を何度も抽出することで，より精度の高い判断が可能になるのです。従来は層を増やすと，勾配消失問題の発生，データ量の少なさ，計算時間の増加などの問題により，十分な学習を行うことができませんでした。しかし，新しい仕組み（ドロップアウトやReLU関数など）の適応やデータ量の増加，コンピュータの性能の向上（特にGPU）などによってこれらの問題が解決され，ディープラーニングによる機械学習は，画像認識や音声認識などの分野において極めて高い成果を発揮しています。

SECTION 7-6 順伝播

押さえるポイント
- ☑ 入力層から出力層への情報の伝播を理解する。
- ☑ 情報の流れを数式的に理解する。

　さて，ここから，実際に情報が入力層から出力層まで伝播していく様子（順伝播）を数式的に追ってみましょう。しかし，実際に MNIST のデータセットで扱われる 784 個の入力値を計算していくのは大変なので，以下の単純化した例題を考えます。

● 例題

　入力値のノード数を 3 として入力層，中間層，出力層それぞれ 3，2，3 のノードで構成されたニューラルネットワークの関係を式で示しなさい。ただし，中間層の活性化関数をシグモイド関数，出力層の活性化関数を softmax 関数とします。

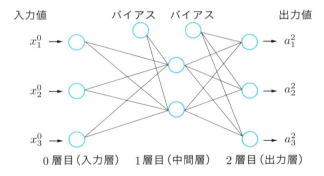

図 7.6.1　ニューラルネットワークの概念図

　さて，今回のニューラルネットワークで使用する文字について次のように定義しましょう。

ノードへの入力値 $\cdots x$,　重み $\cdots w$,　バイアス $\cdots b$,　ノードの出力値 $\cdots a$

図 7.6.2　文字の表し方

例えば，x_2^2 とは，ニューラルネットワークの2層目，2番目のノードに入力された値を示します。文字の右肩に数字が乗っていますが，x の2乗という一般的な意味ではないので，注意してください。

同様に，w_{23}^1 とは，ニューラルネットワークの1層目，2番目のノードに対し，ニューラルネットワークの前の層（0層目），3番目のノードの出力値と掛けられる重みとなります。

さて，実際にこのニューラルネットワークではどのような計算をしているのか確認しましょう。まずは，入力層から中間層への出力までを考えてみましょう。

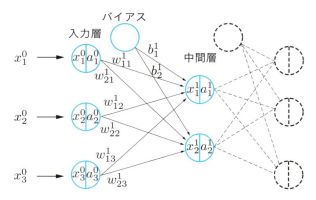

図 7.6.3　ニューラルネットワークの入力層の入力から中間層の出力まで

まずは，入力値 x_1^0 と x_2^0 と入力層の出力値 a_1^0 と a_2^0 を考えます。このとき，最初の入力層では特別な処理を行わないので，

$$x_1^0 = a_1^0,\ x_2^0 = a_2^0$$

となります。次に，中間層の入力値 x_1^1 と x_2^1 を考えましょう。この中間層の入力値は，

$$x_1^1 = w_{11}^1 a_1^0 + w_{12}^1 a_2^0 + w_{13}^1 a_3^0 + b_1^1$$
$$x_2^1 = w_{21}^1 a_1^0 + w_{22}^1 a_2^0 + w_{23}^1 a_3^0 + b_2^1$$

と計算できます。そしてこれらの計算は行列を用いて次のようにシンプルに表現できます。

$$\boldsymbol{x}^1 = \begin{pmatrix} x_1^1 \\ x_2^1 \end{pmatrix},\ W^1 = \begin{pmatrix} w_{11}^1 & w_{12}^1 & w_{13}^1 \\ w_{21}^1 & w_{22}^1 & w_{23}^1 \end{pmatrix},\ \boldsymbol{a}^0 = \begin{pmatrix} a_1^0 \\ a_2^0 \\ a_3^0 \end{pmatrix},\ \boldsymbol{b}^1 = \begin{pmatrix} b_1^1 \\ b_2^1 \end{pmatrix}$$ と定めて，

$$\boldsymbol{x}^1 = W^1 \boldsymbol{a}^0 + \boldsymbol{b}^1$$

また，中間層の出力値 a_1^1 と a_2^1 を考えましょう。この中間層の出力値は，

$$a_1^1 = \sigma_1(x_1^1)$$
$$a_2^1 = \sigma_1(x_2^1)$$

と計算できます。このとき，活性化関数 σ として標準シグモイド関数（σ_1 とする）を選んだとします。このとき，シグモイド関数（1-8, 2-7 参照）のグラフは，図 7.6.4 となります。

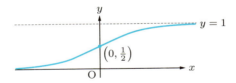

図 7.6.4 シグモイド関数のグラフ

例えば，$x_1^1 = 0$ だったとき，シグモイド関数を通すと $a_1^1 = \sigma_1(0) = 0.5$ となります。このように，活性化関数を挟むことで，非線形変換が実現されます。こうなることで，ニューラルネットワークの表現力が上がるのです。

同様にして，中間層から出力層までの計算も行いましょう。

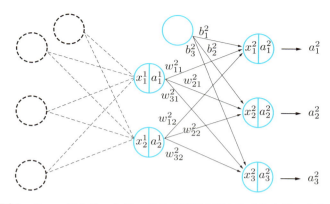

図 7.6.5　ニューラルネットワークの中間層の出力から出力層の出力まで

さて，同様に行列で

$$\boldsymbol{x}^2 = \begin{pmatrix} x_1^2 \\ x_2^2 \\ x_3^2 \end{pmatrix},\ W^2 = \begin{pmatrix} w_{11}^2 & w_{12}^2 \\ w_{21}^2 & w_{22}^2 \\ w_{31}^2 & w_{32}^2 \end{pmatrix},\ \boldsymbol{a}^1 = \begin{pmatrix} a_1^1 \\ a_2^1 \end{pmatrix},\ \boldsymbol{b}^2 = \begin{pmatrix} b_1^2 \\ b_2^2 \\ b_3^2 \end{pmatrix}$$ と定めて，

$$\boldsymbol{x}^2 = W^2 \boldsymbol{a}^1 + \boldsymbol{b}^2$$

と表現されます。

こうして線形変換された $\boldsymbol{x}^2$ を出力します。さらに，最後の出力層では，softmax 関数という関数で非線形変換されます。

> **《定義》softmax 関数**
> n 次元の実数ベクトル $\boldsymbol{x} = (x_1, x_2, \cdots, x_n)$ があるとき，以下の式で n 次元の実数ベクトル $\boldsymbol{y} = (y_1, y_2, \cdots, y_n)$ を返す関数を softmax 関数と呼ぶ。
> $$y_i = \frac{\exp(x_i)}{\exp(x_1) + \exp(x_2) + \cdots + \exp(x_n)} \quad (1 \leqq i \leqq n)$$

softmax 関数を通すことで，確率の表現に変換できます。定義式より，実際に計算すると $0 < y_i < 1, y_1 + y_2 + \cdots + y_n = 1$ となることより，確率であることが分かるでしょう。

softmax 関数（σ_2 とする）を通すことによって得られる確率 a_1^2, a_2^2, a_3^2 は，

$$a_1^2 = \sigma_2(x_1^2),\ a_2^2 = \sigma_2(x_2^2),\ a_3^2 = \sigma_2(x_3^2)$$

となります。このとき，a_1^2，a_2^2，a_3^2 の中で値が一番大きいカテゴリ（＝ 一番確率が高いカテゴリ）がこのニューラルネットワークの判別結果になります。

さて，今回は入力層 1 層 3 ノード，中間層 1 層 2 ノード，出力層 1 層 3 ノードの単純なニューラルネットワークを見てきました。実際のデータセット MNIST をディープニューラルネットワークで解析するとき，入力層 1 層 784 ノード，中間層 2 層以上それぞれ k ノード[*6]，出力層 1 層 10 ノードという大きなネットワークとなります。今回は，入力層 1 層，中間層 3 層，出力層 1 層の合計 5 層のニューラルネットワークを作成しました。中間層のノードは順に 256 ノード，128 ノード，32 ノードとしてあります。また，中間層の活性化関数として ReLU 関数，出力層の活性化関数として softmax 関数を利用しました。

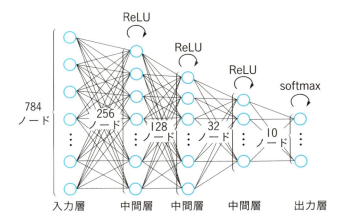

図 7.6.6　今回「MNIST」の学習に用いたニューラルネットワークの構成図

[*6] この中間層の数やノードの数を設定するのが，人工知能エンジニアの仕事になり，機械が自動チューニングしない部分です。中間層の数やノードの数に制限はありませんが，MNIST を DNN で判別する場合，中間層は 2 層～4 層程度，ノード数は 10 以上 784 以下でチューニングし，中間層のノードの数は，出力層に近づくにつれ小さくしていくのが一般的です。また，勾配消失問題（2-7 の「人工知能ではこう使われる！」参照）を解決するため，活性化関数は ReLU 関数を利用することが多いです。

SECTION 7-7 損失関数

> **押さえる ポイント** ☑ **損失関数**の設定方法を理解する。

さて，ここ 7-7 から 7-9 までは，ニューラルネットワークの重みを学習する手法に関して確認していきます。

まずは，損失関数の設定です。重みやバイアスは，損失関数が最小になるように調整されます。この損失関数はニューラルネットワークが出力した値と実際の値との誤差全体の関数のことであり，CHAPTER 5・6 で扱ったものと同じですね。今回も，今までと同様に損失関数を最小化するようなニューラルネットワークを目指します。用いられる損失関数にはたくさんの種類がありますが，ここでは 2 乗誤差[7]をとりあげましょう。2 乗誤差 E は，以下のように表されます。

$$E = \frac{1}{2}\|\boldsymbol{t} - \boldsymbol{y}\|^2 \ \cdots (7.7.1)$$

（$\boldsymbol{t} =$ 正解ラベル，$\boldsymbol{y} =$ ニューラルネットワークの出力）

➡ 例題

7-6 の例題で取り扱った 3 層のニューラルネットワークの出力 $\boldsymbol{y}^2$ は，$\boldsymbol{y}^2 = (0.1w,\ 0.5w,\ 1 - 0.6w)$ であったとします。このときの正解 $\boldsymbol{t}$ は $\boldsymbol{t} = (0, 1, 0)$ だとすると，このときの 2 乗誤差の値 E を求め，2 乗誤差を最小化するような w を求めなさい。

このとき，式 (7.7.1) より，

---

[7] 今回のような分類問題で，損失関数として 2 乗誤差を使うことはまれで，後述するクロスエントロピーを用いることが多いです。

$$E = \frac{1}{2}\left\{(0-0.1w)^2 + (1-0.5w)^2 + \{0-(1-0.6w)\}^2\right\}$$

$$E = 0.31w^2 - 1.1w + 1$$

2乗誤差を最小化するとき，w で微分したときの値が 0 になるから，

$$\frac{dE}{dw} = 0.62w - 1.1 = 0$$

$$w \fallingdotseq 1.774 \quad \cdots \text{（答）}$$

今回の MNIST データの例では，ニューラルネットワークの出力値は，0〜9 のどの数字であるかのそれぞれの確率です。また実際の値，つまり正解ラベルは，正解の数字の番号だけが 1 でそれ以外は 0 の 10 個の数字の配列で表されます。このような出力を one-hot 表現といいます。つまり，図 7.7.1 のように表されます。

図 7.7.1　MNIST データの出力値とラベル

そしてこの場合の 2 乗誤差 E は次のように計算できます。

$$\begin{aligned}E &= \frac{1}{2}\{(0-0.01)^2 + (0-0.02)^2 + (0-0.05)^2 + (0-0.02)^2 + (1-0.67)^2 \\ &\quad + (0-0.13)^2 + (0-0.05)^2 + (0-0.01)^2 + (0-0.01)^2 + (0-0.03)^2\} \\ &= 0.0664\end{aligned}$$

> **COLUMN** クロスエントロピーとは？

今回の MNIST の学習では，損失関数の設定として 2 乗誤差ではなく，クロスエントロピーを利用しました。クロスエントロピーの誤差は次の数式で表されます。

$$E = -\sum t \log_e y$$

（$t =$ 正解ラベル，$y =$ ニューラルネットワークの出力）

正解ラベルは，one-hot 表現（正解の数字の番号だけが 1 でそれ以外は 0）でしたね。そのため，t は 0 または 1 の値のみもつことになり，正解ラベルが 1 に対応する出力の自然対数を計算するだけで損失関数が定義できます。

ここで，自然対数 $E = \log_e y$ のグラフを確認しましょう。このときのグラフは図 7.7.2 のようになります。

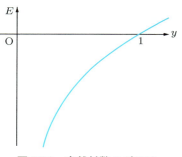

図 7.7.2　自然対数のグラフ

$y = 1$ となると $E = 0$ となり，y が 0 に近づけば近づくほど E の値が小さくなることが見て取れます。そのためクロスエントロピーの式では負の記号を付けます。そうすることで，2 乗誤差と同様，E を最小化するような重みとバイアスを算出することが目標となるのです。なお，出力層の活性化関数として softmax 関数が適応されることで，出力は確率表現となり，$0 \leqq y \leqq 1$ となります。そのため，$\log_e y > 0$ となることはありません。

SECTION 7-8 勾配降下法の利用

押さえるポイント
- ☑ 勾配降下法の概念を理解する。
- ☑ 勾配降下法で用いられる数式を理解する。

　さて，前の SECTION で求められた損失関数を最小化するためにはどうすればよいでしょうか。最小値を求める方法は CHAPTER 2 の微分でも習った通り，変数の接線の傾きが 0 となるような方程式を解けば求められそうです。ここで，7-6 で扱った例題を再度確認してみましょう。

● 例題

　入力値のノード数を 3 として入力層，中間層，出力層それぞれ 3，2，3 のノードで構成されたニューラルネットワークの関係を式で示しなさい。ただし，中間層の活性化関数をシグモイド関数，出力層の活性化関数を softmax 関数とします。

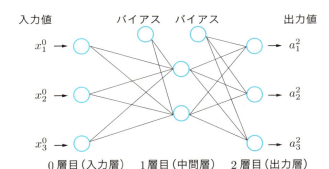

図 7.8.1　ニューラルネットワークの概念図

　文字の設定は，7-6 と同様とします。このとき，2 乗誤差を考えると，以下のように数式が計算できます。

$$E = \frac{1}{2}||\boldsymbol{a}^2 - \boldsymbol{y}||^2 \longleftarrow$$

$$E = \frac{1}{2}||\sigma_2(\boldsymbol{a}^1 W^2 + \boldsymbol{b}^2) - \boldsymbol{y}||^2 \longleftarrow$$

> このとき，$\boldsymbol{a}^1$，W^2 などと表現されているのは，1乗，2乗という意味ではなく，図 7.6.2 で確認したとおり，1層目，2層目，という意味なので注意して確認しましょう。また，$\boldsymbol{a}$，$\boldsymbol{b}$，W，$\boldsymbol{y}$ という文字は全てベクトル・行列表現です。

$$E = \frac{1}{2}||\sigma_2(\sigma_1(\boldsymbol{a}^0 W^1 + \boldsymbol{b}^1)W^2 + \boldsymbol{b}^2) - \boldsymbol{y}||^2$$

$$E = \frac{1}{2}||\sigma_2(\sigma_1(\boldsymbol{x}^0 W^1 + \boldsymbol{b}^1)W^2 + \boldsymbol{b}^2) - \boldsymbol{y}||^2$$

さて，x と y は与えられるので，この式 E を最小化するような変数を全て書き下すと以下の通りになります。

$$W^1 = \begin{pmatrix} w^1_{11} & w^1_{12} & w^1_{13} \\ w^1_{21} & w^1_{22} & w^1_{23} \end{pmatrix}, \ W^2 = \begin{pmatrix} w^2_{11} & w^2_{12} \\ w^2_{21} & w^2_{22} \\ w^2_{31} & w^2_{32} \end{pmatrix}, \ \boldsymbol{b}^1 = \begin{pmatrix} b^1_1 \\ b^1_2 \end{pmatrix}, \ \boldsymbol{b}^2 = \begin{pmatrix} b^2_1 \\ b^2_2 \\ b^2_3 \end{pmatrix}$$

実際，この数を変数として，微分したときの値が 0 になる計算を行うことも可能です。ただ，3，2，3 の比較的シンプルなノードでさえ，変数が以上のように 17 個も出てきました。MNIST データではこの例よりはるかに多くの変数[*8]を扱うことになるので，この方法で求めるのは大変そうです。そこで用いるのが**勾配降下法**です。

勾配降下法とは簡単にいえば関数のグラフを斜面に見立てて，関数の傾きを調べながら関数の値を小さくするような方向に少しずつ降りていくことで，関数の最小値を近似的に求める方法です。勾配降下法のイメージは，図 7.8.2 でつかむとよいでしょう。

さて，勾配降下法は数式ではどのように表されるでしょうか。今まで学んだ知識を用いて読み解いていきましょう。

導関数の定義式（2-2 参照）をもう一度みてみましょう。

$$\frac{\mathrm{d}f(x)}{\mathrm{d}x} = \lim_{\Delta x \to 0} \frac{\Delta f(x)}{\Delta x} = \lim_{h \to 0} \frac{f(x+h) - f(x)}{h}$$

[*8] 入力ノードの数で 784 でした。

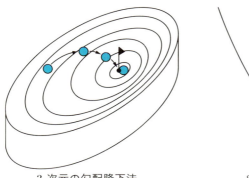
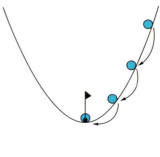

3 次元の勾配降下法　　　　　2 次元の勾配降下法

図 7.8.2　勾配降下法の概念図

このとき，$h = \Delta x$ と置くと，

$$\frac{\mathrm{d}f(x)}{\mathrm{d}x} = \lim_{\Delta x \to 0} \frac{f(x + \Delta x) - f(x)}{\Delta x}$$

と表現できます。このとき，Δx が非常に小さい値であれば，$\lim_{\Delta x \to 0}$ とは，「Δx を限りなく 0 に近づける」という意味だったので，lim を消して，

$$\frac{\mathrm{d}f(x)}{\mathrm{d}x} \fallingdotseq \frac{f(x + \Delta x) - f(x)}{\Delta x}$$

このような近似ができます。この式を変形すると，

$$\frac{\mathrm{d}f(x)}{\mathrm{d}x} \Delta x \fallingdotseq f(x + \Delta x) - f(x) \quad \cdots (7.8.1)$$

が成り立ち，これを**近似公式**と呼びます。

さて，関数 $f(x)$ において，x を Δx だけ変化させたとき，$f(x)$ はどれだけ変化するでしょうか。この変化量を $\Delta f(x)$ とすると

$$\Delta f(x) = f(x + \Delta x) - f(x) \quad \cdots (7.8.2)$$

と表すことができます。式 (7.8.2) に式 (7.8.1) を代入すると，

$$\Delta f(x) \fallingdotseq \frac{\mathrm{d}f(x)}{\mathrm{d}x} \Delta x$$

が成り立ちます。ここで，$\Delta f(x)$, $\frac{\mathrm{d}f(x)}{\mathrm{d}x}$, Δx の 3 つの項が出現しましたね。こ

のとき，目標は Δx を $\Delta f(x)$ が負になる方向に少しずつ動かして，最小値を求めることでした。2 つの項 Δx と $\dfrac{\mathrm{d}f(x)}{\mathrm{d}x}$ は，それぞれ正，負，どちらの方向にどれくらい動かせばよいでしょうか。まずは直感的に判断してもらうため，図 7.8.3 を見てみましょう。

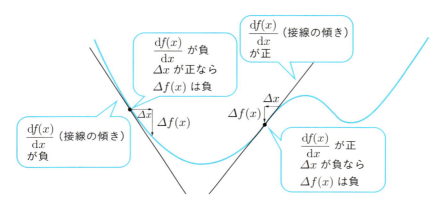

図 7.8.3　勾配降下法と微分

このように Δx と $\dfrac{\mathrm{d}f(x)}{\mathrm{d}x}$ の正負が逆のときに，グラフを降りていけることが分かります。そして少しずつグラフを降りていけば，グラフの最も下の部分（関数の最小値）にたどり着くことができるのです。

このとき，ある定数 η（イータ）$(0 < \eta < 1)$ を用いて

$$\Delta x = -\eta \frac{\mathrm{d}f(x)}{\mathrm{d}x} \quad \cdots \text{ (7.8.3)}$$

と表せるとき，「グラフを降りていく」ことができるのです。ちなみに，この η の大きさはどれだけ動くのかを表す定数です。例えるなら，「どれだけの幅でボールが動くのか」を表す数値といえばいいでしょう。この η は学習率と呼ばれます。この学習率が大きすぎても小さすぎても最小値へたどり着けなくなってしまうため，学習率を定めるには工夫が必要です。ちなみに，今回 MNIST を訓練するときは，$\eta = 0.01$ という値を採用しました。

このとき移動前の位置を x_old，移動後の位置を x_new と表します。つまり，

$$\Delta x = x_\mathrm{new} - x_\mathrm{old} \quad \cdots \text{ (7.8.4)}$$

と表現でき，式 (7.8.4) を式 (7.8.3) に代入すると，

$$x_{\text{new}} = x_{\text{old}} - \eta \frac{\mathrm{d}f(x)}{\mathrm{d}x}$$

と表すことができます。

　最後に多変数に拡張した例を考えましょう。今回の例で扱っているニューラルネットワークは $E = f(w_{11}^1, w_{21}^1, w_{31}^1, \cdots)$ の多変数でした。このときも同様に，

$$E = -\eta \left(\frac{\partial E}{\partial w_{11}^1}, \frac{\partial E}{\partial w_{21}^1}, \frac{\partial E}{\partial w_{31}^1}, \cdots \right)$$

と表せるときに，グラフの勾配を下ることができます。このとき，$\left(\dfrac{\partial E}{\partial w_{11}^1}, \dfrac{\partial E}{\partial w_{21}^1}, \dfrac{\partial E}{\partial w_{31}^1}, \cdots \right)$ を関数 E の勾配などと表現します。

COLUMN　確率的勾配降下法とバッチサイズ/エポック数とは？

　ディープラーニングでモデルを作成するときは，勾配降下法の一種である確率的勾配降下法（Stochastic Gradient Descent；SGD）などを利用します。勾配降下法で，最も急な勾配を下るためには，全ての訓練データ（MNIST であれば 60,000 枚の訓練データ）の誤差を計算する必要があります。しかし，こうすると訓練に非常に時間がかかる上，さまざまなデメリットも生じます。そこで，訓練データからデータを N 枚選び出し，その N 枚を学習させて計算された損失関数から，勾配降下法を用いて N 枚ごとに重みを更新するのです。この枚数のことをバッチサイズと呼びます。

　また，トレーニングにはこの訓練データを複数回使い回して精度を上げます。この使い回す回数のことをエポック数と呼びます。

　今回の訓練では，バッチサイズ 2,000，エポック数 50 と設定しました。1 エポックにつき 30 回（60,000 枚 ÷ 2,000 枚）重みが更新され，これが 50 エポック繰り返されることを示しています。

SECTION 7-9 誤差逆伝播法の利用

> 押さえる
> ポイント
> ☑ 誤差逆伝播法の概念を理解する。
> ☑ 誤差逆伝播法で用いられる数式を理解する。

　さて，前 SECTION で確認した勾配降下法により最小値を求めたいところですが，実はニューラルネットワークの損失関数の勾配を求めるのは非常に複雑です。重みやバイアスという大量の変数が存在するため，大量の微分計算をしなければならないからです。そこでこの損失関数の勾配を工夫して求める方法が誤差逆伝播法です。

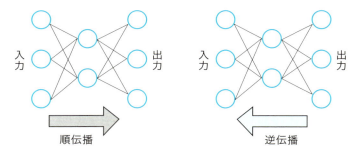

図 7.9.1　順伝播と逆伝播

　順伝播では，入力値から重みを掛けて次の層，そして次の層へと計算をして出力を導き出しました。逆伝播では，出力値と正解の誤差を出し，最後の層，前の層，と計算をして重みを調整します。

　誤差逆伝播法の概念を説明していきましょう。誤差逆伝播法とは一言でいえば「ニューラルネットワークの出力値の誤差を基に，出力層から入力層へ順に重みとバイアスを更新していく方法」のことです。順伝播とは逆に進んでいくので逆伝播法といいます。誤差逆伝播法は，まずは損失関数を 2 乗誤差の式として定義し，中間層の活性化関数を標準シグモイド関数として定義します。

さて，まずは目的を再確認しましょう．今回の目的は関数の勾配，すなわち $\left(\dfrac{\partial E}{\partial w_{11}^1}, \dfrac{\partial E}{\partial w_{21}^1}, \dfrac{\partial E}{\partial w_{31}^1}, \cdots \right)$ を調べることでした．ここでは，目的の勾配を一般化して，$\dfrac{\partial E}{\partial w_{kj}^l}$ を調べる手法を考えましょう．

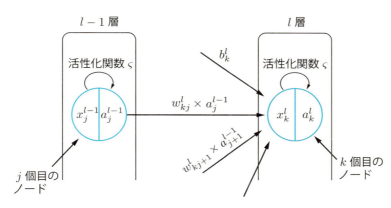

図 7.9.2　ニューラルネットワークの文字

さて，まずは微分のチェーンルール（連鎖律，2-6 参照）より，この目的の勾配は，以下のように書き換えることができます．

$$\frac{\partial E}{\partial w_{kj}^l} = \frac{\partial E}{\partial x_k^l} \frac{\partial x_k^l}{\partial w_{kj}^l} \quad \cdots (7.9.1)$$

このとき，x_k^l を展開すると，

$$x_k^l = w_{k1}^l a_1^{l-1} + w_{k2}^l a_2^{l-1} + \cdots + w_{kj}^l a_j^{l-1} + \cdots + b_k^l$$

と表現されます．x_k^l を w_{kj}^l で微分すると，

$$\frac{\partial x_k^l}{\partial w_{kj}^l} = a_j^{l-1} \quad \cdots (7.9.2)$$

となります．ここで，式 (7.9.1) に式 (7.9.2) を代入すると，

$$\frac{\partial E}{\partial w_{kj}^l} = \frac{\partial E}{\partial x_k^l} a_j^{l-1} \quad \cdots (7.9.3)$$

となります。このとき，a_j^{l-1} は 1 つ前の層の出力なので，求めることができそうです。そのため，式 (7.9.1) を求めるには，$\dfrac{\partial E}{\partial x_k^l}$ を計算する必要があります。そのため，ここで分かりやすくするために，誤差 δ_k^l を

$$\delta_k^l = \frac{\partial E}{\partial x_k^l}$$

と置きましょう。そうすると，式 (7.9.3) は，

$$\frac{\partial E}{\partial w_{kj}^l} = \delta_k^l \, a_j^{l-1} \quad \cdots (7.9.4)$$

となるのです。このとき，δ_k^l を求める方法を，ケース I（最終層の δ_k^l）とケース II（最終層以外の δ_k^l）に分けて考えます。

【ケース I　最終層の δ_k^l】

　ここで，最終層の δ_k^l を求める方法を考えましょう。このとき，最終層の δ_k^l を δ_k^L と置きます。

$$\delta_k^L = \frac{\partial E}{\partial x_k^L}$$

チェーンルールより，

$$\delta_k^L = \frac{\partial E}{\partial x_k^L} = \frac{\partial E}{\partial a_k^L} \frac{\partial a_k^L}{\partial x_k^L} \quad \cdots (7.9.5)$$

と表すことができます。

　ここで，$\dfrac{\partial a_k^L}{\partial x_k^L}$ に注目すると，

$$\frac{\partial a_k^L}{\partial x_k^L} = \frac{\partial \varsigma(x_k^L)}{\partial x_k^L} = \varsigma'(x_k^L)$$

また，$\dfrac{\partial E}{\partial a_k^L}$ に注目すると，

$$\frac{\partial E}{\partial a_k^L} = \frac{\partial \frac{1}{2}(a_k^L - y_k)^2}{\partial a_k^L} = (a_k^L - y_k)$$

より，これらをまとめて誤差の式は

$$\delta_k^L = \frac{\partial E}{\partial x_k^L} = \frac{\partial E}{\partial a_k^L}\frac{\partial a_k^L}{\partial x_k^L} = \frac{\partial \frac{1}{2}(a_k^L - y_k)^2}{\partial a_k^L} \varsigma'(x_k^L)$$

$$= (a_k^L - y_k)\,\varsigma'(x_k^L) \quad \cdots (7.9.6)$$

と表現することができました。$a_k^L, y_k, \varsigma'(x_k^L)$ は，最終層の出力，正解ラベル，最終層の入力を活性化関数に代入した値を微分したものになるので，具体的な値を求めることができそうです。ここでの関係を図式化したもので，確認しましょう。

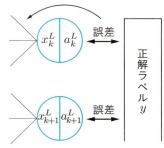

図 7.9.3 ケース I 最終層の δ_k^L

【ケース II 最終層以外の δ_k^l】

次に最終層以外の δ_k^l を求める方法を考えましょう。

$$\delta_k^l = \frac{\partial E}{\partial x_k^l}$$

の値を求めることが目標でした。例として δ_1^2 について考えてみましょう。合成関数の微分公式（2-6 参照）より，

$$\delta_1^2 = \frac{\partial E}{\partial x_1^3}\frac{\partial x_1^3}{\partial a_1^2}\frac{\partial a_1^2}{\partial x_1^2} + \frac{\partial E}{\partial x_2^3}\frac{\partial x_2^3}{\partial a_1^2}\frac{\partial a_1^2}{\partial x_1^2} + \frac{\partial E}{\partial x_3^3}\frac{\partial x_3^3}{\partial a_1^2}\frac{\partial a_1^2}{\partial x_1^2} \quad \cdots (7.9.7)$$

と計算されます。この式をもう少しよく見てみましょう。まずは $\dfrac{\partial E}{\partial x_1^3}$ に注目し

ます。ノードの誤差 δ_j^l の定義から

$$\frac{\partial E}{\partial x_1^3} = \delta_1^3, \ \frac{\partial E}{\partial x_2^3} = \delta_2^3, \ \frac{\partial E}{\partial x_3^3} = \delta_3^3$$

と表すことができますね。

次に，$\dfrac{\partial x_1^3}{\partial a_1^2}$ に注目します。ここで，7-6 で学んだように

$$x_1^3 = a_1^2 w_{11}^3 + a_2^2 w_{12}^3 + b_1^3$$

ですから

$$\frac{\partial x_1^3}{\partial a_1^2} = w_{11}^3$$

残りの式 (7.9.7) についても

$$\frac{\partial x_2^3}{\partial a_1^2} = w_{21}^3, \ \frac{\partial x_3^3}{\partial a_1^2} = w_{31}^3 \quad \cdots (7.9.8)$$

となります。

そして最後に $\dfrac{\partial a_1^2}{\partial x_1^2}$ を確認します。ここで，$a_1^2 = \varsigma(x_1^2)$ なので，

$$\frac{\partial a_1^2}{\partial x_1^2} = \frac{\partial \varsigma(x_1^2)}{\partial x_1^2} = \varsigma'(x_1^2) \quad \cdots (7.9.9)$$

となります。以上より，δ_1^2 は以下のように表すことができます。

$$\begin{aligned}
\delta_1^2 &= \frac{\partial E}{\partial x_1^3}\frac{\partial x_1^3}{\partial a_1^2}\frac{\partial a_1^2}{\partial x_1^2} + \frac{\partial E}{\partial x_2^3}\frac{\partial x_2^3}{\partial a_1^2}\frac{\partial a_1^2}{\partial x_1^2} + \frac{\partial E}{\partial x_3^3}\frac{\partial x_3^3}{\partial a_1^2}\frac{\partial a_1^2}{\partial x_1^2} \\
&= \delta_1^3\, w_{11}^3\, \varsigma'(x_1^2) + \delta_2^3\, w_{21}^3\, \varsigma'(x_1^2) + \delta_3^3\, w_{31}^3\, \varsigma'(x_1^2) \\
&= (\, \delta_1^3\, w_{11}^3 + \delta_2^3\, w_{21}^3 + \delta_3^3\, w_{31}^3\,)\, \varsigma'(x_1^2) \quad \cdots (7.9.10)
\end{aligned}$$

となります。なお，今回は具体例として，$\dfrac{\partial x_1^3}{\partial a_1^2}$ を考えましたが，同様にこれらは 2 番目，3 番目，$\cdots$，k 番目のノードでも，l 層，$l+1$ 層でも成り立つので，

$$\delta_k^l = (\,\delta_1^{l+1}\,w_{1k}^{l+1} + \delta_2^{l+1}\,w_{2k}^{l+1} + \cdots + \delta_m^{l+1}\,w_{mk}^{l+1}\,)\varsigma'(x_k^l)$$

$$\delta_k^l = \sum_{i=1}^{m}(\,\delta_i^{l+1}\,w_{ik}^{l+1}\,)\varsigma'(x_k^l) \quad \cdots (7.9.11)$$

となります（文字 m は $l+1$ 層にあるノード数を示します）。ここでの関係を図式化したもので，確認しましょう。

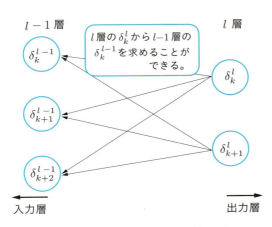

図 7.9.4　ケース II　最終層以外の δ_k^l

さて，ケース I，ケース II より，以上をまとめると，

$$\delta_k^l = \begin{cases} (a_k^L - y_k)\varsigma'(x_k^L) & (l \text{ が最終層のとき}) \\ \sum_{i=1}^{m}(\delta_i^{l+1}w_{ik}^{l+1})\varsigma'(x_k^l) & (l \text{ が最終層以外のとき}) \end{cases}$$

と計算することで誤差 δ_k^l を求めることができるのです。

最後にバイアスの計算です。この式は，重みの式と同様ですが，$l-1$ 層の出力が 1，すなわち

$$a_j^{l-1} = 1$$

と計算できるので，

$$\frac{\partial E}{\partial b_k^l} = \delta_k^l \quad \cdots (7.9.12)$$

と表現できます。

さて，以上を踏まえて誤差逆伝播法を公式としてまとめます。

《公式》 誤差逆伝播法

$$\frac{\partial E}{\partial w_{kj}^l} = \delta_k^l a_j^{l-1}, \quad \frac{\partial E}{\partial b_k^l} = \delta_k^l$$

$$\delta_k^l = \begin{cases} (a_k^L - y_k)\varsigma'(x_k^L) \ (l\text{ が最終層のとき}) \\ \sum_{i=1}^{m} (\delta_i^{l+1} w_{ik}^{l+1})\varsigma'(x_k^l) \ (l\text{ が最終層以外のとき}) \end{cases}$$

$E =$ 損失関数，$w_{kj}^l = l$ 層 k ノードの $l-1$ 層 j ノードからの重み，$\delta_k^l = l$ 層 k ノードの誤差，$a_j^{l-1} = l-1$ 層 j ノードの出力，$b_k^l = l$ 層 k ノードのバイアス，$y_k = k$ ノードの正解ラベル，$\varsigma(x_k^l) =$ 活性化関数，$m = l+1$ 層のノードの数

以上のようにして，重みを動かす値を決定するのです。さて，最後に，誤差逆伝播法の式をこれまで出てきた重要な式とともに見ておきましょう。

① 損失関数を求め，損失関数を最小化するような w, b を求める。

$$E = \frac{1}{2}\|\boldsymbol{t} - \boldsymbol{y}\|^2, \boldsymbol{y} = W\boldsymbol{x} + \boldsymbol{b}$$

$\boldsymbol{t} =$ 正解ラベル，$\boldsymbol{y} =$ ニューラルネットワークの出力，$W =$ 重み，$\boldsymbol{x} =$ 出力，$\boldsymbol{b} =$ バイアス

問題点 { 最小化したい変数 w, b の数が膨大で，微分して 0 になる連立方程式を解くのは，方程式の数が多すぎて非現実的である。

② 勾配降下法を使い，損失関数の値が小さくなる方向を調べる。

$$w_{\text{new}} = w_{\text{old}} - \eta\frac{\partial E}{\partial w_{\text{old}}}, \quad b_{\text{new}} = b_{\text{old}} - \eta\frac{\partial E}{\partial b_{\text{old}}}$$

$w_{\text{new}} =$ 移動後の重み，$w_{\text{old}} =$ 移動前の重み，$\eta =$ 学習係数，$b_{\text{new}} =$ 移動後のバイアス，$b_{\text{old}} =$ 移動前のバイアス

問題点 $\begin{cases}$ 値を動かす量として $\frac{\partial E}{\partial w}, \frac{\partial E}{\partial b}$ を求めたいが，この微分値を \\ 解くのは，微分する数が多すぎて非現実的である。$\end{cases}$

③ 誤差逆伝播法を使い，重みを動かす値を決定する。

$$\frac{\partial E}{\partial w_{kj}^l} = \delta_k^l a_j^{l-1}, \frac{\partial E}{\partial b_k^l} = \delta_k^l$$

$$\delta_k^l = \begin{cases} (a_k^L - y_k)\varsigma'(x_k^L) \ (l \text{ が最終層のとき}) \\ \sum_{i=1}^{m}(\delta_i^{l+1}w_{ik}^{l+1})\varsigma'(x_k^l) \ (l \text{ が最終層以外のとき}) \end{cases}$$

$E = $ 損失関数, $w_{kj}^l = l$ 層 k ノードの $l-1$ 層 j ノードからの重み，$\delta_k^l = l$ 層 k ノードの誤差, $a_j^{l-1} = l-1$ 層 j ノードの出力, $b_k^l = l$ 層 k ノードのバイアス, $y_k = k$ ノードの正解ラベル, $\varsigma(x_k^l) = $ 活性化関数，$m = l+1$ 層のノードの数

　実際のニューラルネットワークの学習では，バッチサイズの数だけ順伝播を行ったら，勾配降下法・誤差逆伝播法を利用して，重み・バイアスの更新を行います。この②/③の処理を複数回繰り返して，重み W とバイアス b の近似解を得るのです。

7-9　誤差逆伝播法の利用　217

SECTION 7-10 完成したモデルの評価

> **押さえる ポイント**　☑ モデルの評価方法を確認する。

　さて，今回はホールドアウト法で，完成したモデルを評価しましょう。今回，使用したデータセット MNIST では，テストデータとして 10,000 枚を用意していました。今回は，数字の画像を入力して，「1〜10」の 10 カテゴリに分類し，そのうち何 % があっているのかを計算し，正確性とします。今回作成したディープニューラルネットワークでは，正確性は 89.84% となりました。9 割近くの手書き文字が正確に判断されたことになり，十分実用に耐え得るレベルだといえます。

COLUMN　ドロップアウト法

　CHAPTER 5・6 では過学習を避けるための項として正則化について述べました。ディープラーニングでは，過学習を避けるために正則化ではなく，ドロップアウト法が使われるのが一般的です。ドロップアウト法とは，ランダムでニューロンを消失させることで，情報の伝達をあえて断ち切り，汎化する（訓練データのノイズや特徴に左右されないモデルを作る）ために必要な手法です。

　今回のディープニューラルネットワークでは，各層のドロップアウトを 0.2（20%）として，ランダムで 20% のニューロンを消失させて訓練を行いました。

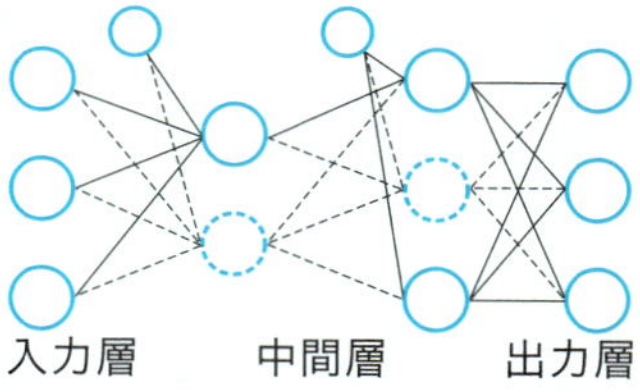

入力層　　中間層　　出力層

図 7.10.1　ドロップアウト法の概念

おわりに

　私が人工知能プログラミングに触れた最初のきっかけは大学時代の研究でした。それまで，WEB アプリを制作するためのプログラミングには触れたことがありましたが，そういった知識とは異なった，人工知能プログラミングの奥深さを感じました。コンピュータサイエンスの知識，分析するデータに関する知識，そして数学の知識が必要であり，難しさを感じた反面，さまざまな学びが一気に凝縮され，トライアスロンで格闘しているような楽しさを感じました。

　大学を卒業した後も，人工知能プログラミングを探究し続けたいと思い，引き続きこの分野を学び続けました。さらに，自分自身の思いとして，一人でも多くの方にこの分野に触れてほしいと思い，「人工知能プログラミング」を学べるサービス「Aidemy」の制作に着手し，自分で立ち上げた会社の名前も「株式会社アイデミー」に変え，この分野に全力投球することになりました。

　そこからかなりの時間が経ちましたが，私はこの選択をまったく後悔していません。むしろ，最善の選択をしたように感じます。なぜならば，この分野は技術の進歩が最も激しい業界の一つであるためです。人工知能のビジネス利用に関するニュースは毎日こと欠きませんし，新しい研究成果も毎週のように発表されています。こうしたダイナミズムの中，片手間で人工知能の最新トレンドをキャッチアップするのは非常に難しくなっています。全力投球してもなお，追いきれていない状況なので，もし片手間で人工知能を学ぼうとしたら，取り残されてしまうことになったでしょう。この業界の最先端のトレンドを知ることで，まるでタイムマシンで2〜3年後へ旅行しているような気分を味わえ，非常に楽しい毎日を過ごしています。

　ただ，人工知能に触れている身として，危惧していることがあります。それは，「人工知能が人間を滅ぼす」「人工知能が職を奪う」という議論の類いが乱暴に行われていることもあることです。もちろん，人工知能の倫理に関する問題は注意深く議論されるべきだと思いますし，いくつかの仕事が人工知能によって奪われるのも確かでしょう。しかし，人工知能プログラミングでいま実現できるレベルを大きく上回る脅威が指摘されていることも多いと感じています。人工知能に触れたことがない方が，予想や憶測で物事を評論しているように感じることすらあります。

　私は，そんな人工知能に触れたことがない方こそ，一度人工知能のアルゴリズムに触れ，ブラックボックスと揶揄されるその真髄に触れてほしいと思っています。実際，人工知能プログラミングに触れた方であれば，パラメータを取捨選択し，チューニングすることで精度

が徐々に向上する，なんだかペットを育てていくような，独特の感覚を味わったことがあるでしょう。さらに，人類を滅ぼす，という類いの指摘は，まだまだSF小説のレベルであることを体感できるのではないでしょうか。最先端のテクノロジーの機会と脅威を正しく判断し，その機会を最大限享受するためには，実際にプログラミングに触れ，人工知能を体感することが最も必要なのではないでしょうか。

　最後に，本書を書くにあたって，多くの人にお世話になりましたので，謝辞を述べさせていただきます。本書の執筆には多数のメンバーに手伝っていただきました。第1章の執筆に協力いただいた早稲田大学の中山 弦さん，第2・3章の執筆に協力いただいた東京工業大学の梶山 健一さん，第4・6章の執筆に協力いただいたZS Associates（現在。当時は東京工業大学）の吉木 均さん，第5章の執筆に協力いただいた東京大学の藤村 怜香さん，第7章の執筆に協力いただいた東京理科大学の高野 千策さんには，特に感謝申し上げます。

　さらに，Pythonコードや本書のレビューには多数の方にご協力いただきました。株式会社アイデミーの伊藤 諒さん，井手田 悠希さんには数多くのご協力とご指摘をいただきました。

　また，編集者である株式会社KADOKAWAの角田 顕一朗さんには，本書を書くきっかけを与えていただき，さらに本書をよくするために議論を重ね，多大なるご尽力をいただきました。

　改めて，普段一緒に頑張っている株式会社アイデミーのメンバー一同，そして日頃の私を支えてくれている家族，友人に感謝の意を記したいと思います。

　本書が，一人でも多くの方が人工知能プログラミングに親しみを持ち，一人でも多くの学びたいと思った方の支援になることを願って。

2018年1月　石川聡彦

Index | 索引

【B】
Bag-of-Words（BoW）ベクトル
······················· 174

【C】
CNN ························· 26

【D】
DNN ························· 26

【E】
$e, e^x, \exp x, \exp(x)$ ········ 24

【K】
k-近傍法（k-NN） ········· 37

【L】
$L1$ ノルム ················· 86
$L2$ ノルム ················· 87
λ ························ 104
Lasso 回帰 ················· 157
$\lim$ ························· 50
$\ln$ ·························· 24
$\log_e$ ······················ 24

【M】
MeCab（めかぶ） ········· 170
MNIST ····················· 189

【N】
N-gram 解析 ··············· 169

【P】
$\prod$（パイ） ············· 42

【R】
rad ·························· 27
ReLU 関数 ··············· 26, **72**
Ridge 回帰 ················· 157

【S】
scikit-learn ················ 146
$\sum$（シグマ） ············· 42
softmax 関数 ··············· 200

【T】
tanh 関数 ··················· 26
TF-IDF ····················· 176

【W】
Word2Vec ··················· 78

【Y】
$y = f(x)$ ··················· 14

【あ】
1 次式 ······················· 10

1 次変換 ···················· 103
意味解析 ···················· 168
エポック数 ·················· 209
重み ········· 9, 44, 69, 73, **175**
音声認識 ····················· 33

【か】
過学習 ························ 87
過学習（over-fitting） ······ 155
確率 ························· 108
確率的勾配降下法 ··········· 209
確率変数 ···················· 114
活性化関数 ········· 26, 74, **194**
間隔尺度 ···················· 148
関数 ······················· 8, **14**
奇関数 ························ 33
期待値 ······················ 123
逆行列 ························ 98
強化学習 ···················· 190
教師あり学習 ········· 37, **190**
教師なし学習 ········ 106, **190**
共分散（Covariance） ······· 129
行ベクトル ·················· 76
行列 ························· 90
極限 ························· 50
極限値 ························ 51
極小値 ························ 61
極大値 ························ 61
極値 ························· 62
寄与率 ······················ 106
近似公式 ···················· 207
偶関数 ························ 32
空集合 ························ 47
組合せの公式 ··············· 109
クロスエントロピー ········ 204
訓練データ ·················· 87
係数 ························· 10
形態素解析 ·················· 167
ゲイン ························ 25
結合確率 ···················· 119
項 ······················· **10**, 39
交換法則 ······················ 97
公差 ························· 39
交差検証法（クロスバリデー
ション） ··············· 159
合成関数 ······················ 67

恒等写像 ······················ 97
勾配降下法 ··········· 56, **206**
勾配消失問題 ··············· 74
公比 ························· 41
構文解析 ···················· 168
コサイン ······················ 29
コサイン類似度 ············· 88
誤差逆伝播法 ······ 69, 74, **210**
誤差の 2 乗和 ··············· 65
弧度法 ························ 27
固有値 ······················ 104
固有ベクトル ··············· 104
固有方程式 ·················· 104

【さ】
再現率 ······················ 121
最小 2 乗法 ··········· 65, **151**
最尤推定 ···················· 138
サイン ························ 29
三角関数 ················ **27**, 66
残差 ························· 160
三平方の定理 ··············· 36
シグモイド関数 ·········· **25**, 71
次元 ························· 77
指数 ························· 18
次数 ························· 10
指数関数 ·············· **20**, 66
自然対数の底 ··············· 24
質的データ ·················· 148
周期関数 ···················· 31
集合 ························· 46
収束 ························· 51
従属変数（目的変数） ······· 144
主成分分析 ·················· 106
出力層 ······················ 197
順序尺度 ···················· 148
順伝播 ······················ 197
条件付き確率 ··············· 119
常微分 ························ 57
初項 ························· 39
真数 ························· 21
数列 ························· 39
スカラー倍 ·················· 78
ストップワード（Stop words）
······················· 172
正解ラベル ·················· 190

正規化 …………………… 136	導関数 …………………… 55	ベクトル ………………… 76
正弦（sine） ……………… 29	等差数列 ………………… 39	ベクトル空間解析 ……… 168
正弦関数 ………………… 66	等比数列 ………………… 39	ベルヌーイ分布 ………… 180
正接（tangent）………… 29	特徴語 …………………… 175	偏差 ……………………… 127
正接関数 ………………… 66	独立変数（説明変数）…… 144	偏差値(Standard score) … 133
正則化 ……………… 87, **156**	度数分布図 ……………… 115	ベン図 …………………… 47
精度 ……………………… 121	度数法 …………………… 27	変数 ……………………… 8
正方行列 ………………… 99	ドロップアウト ……… 196, **218**	偏微分 …………………… 57
積集合 …………………… 47	【な】	法線ベクトル …………… 85
積の微分法 ……………… 67	内積 ……………………… 81	ホールドアウト法 … **159**, 183
接線 ……………………… 55	2 次式 …………………… 10	【ま】
絶対値 …………………… 35	ニューラルネットワーク	末項 ……………………… 39
接平面 …………………… 85	‥ 9, 26, 44, 69, 73, 103, **196**	無次元数 ………………… 136
切片 ……………………… 11	入力層 …………………… 197	名義尺度 ………………… 148
線形回帰 …………… 65, 144	入力値 …………………… 44	目的関数（コスト関数；Cost
線形変換 ………… **101**, 103	ニューロン ……………… 44	Function）…………… 181
相関係数 ………………… 135	ネイピア数 ……………… 24	【や】
増減表 …………………… 61	ノード（人工ニューロン）… 192	ユークリッド距離 ……… 35
損失関数 …………… 56, **202**	ノルム …………………… 86	有向線分 ………………… 79
【た】	【は】	尤度 ……………………… 22
対数関数 …………… **20**, 66	バッチサイズ …………… 209	尤度関数 ………………… 22
対数尤度関数 ……… 22, **139**	汎化性能（汎化能力）…… 156	要素 ……………………… 46
多項式 …………………… 10	ヒストグラム …………… 115	余弦（cosine）…………… 29
単位円 …………………… 27	非線形分離 ……………… 26	余弦関数 ………………… 66
単位行列 ………………… 97	微分 …………………… **50**, 52	余事象 …………………… 110
単項式 …………………… 10	微分係数 ………………… 55	【ら】
単語頻度−逆文書頻度 … 176	標準基底 e ……………… 101	ラジアン ………………… 27
単語分解 ………………… 167	標準シグモイド関数 … **25**, 72	離散型確率変数 ………… 114
タンジェント …………… 29	標準偏差（SD; Standard	離散値 …………………… 115
中間層 …………………… 197	deviation）…………… 128	量的データ ……………… 148
柱状グラフ ……………… 115	比例尺度 ………………… 148	累乗 ……………………… 18
チューニング …………… 159	フーリエ変換 …………… 33	零行列 …………………… 97
底 ………………………… 18	部分集合 ………………… 46	列ベクトル ……………… 76
ディープラーニング ‥ 26, **188**	分散（Variance）………… 127	連続型確率変数 ………… 114
定数 ……………………… 8	平均 ……………………… 126	ロジスティック回帰 …… 180
底の変換公式 …………… 21	ベイズ推定法 …………… 142	【わ】
データセット …………… 146	平方根 …………………… 16	和集合 …………………… 47
テストデータ …………… 87	べき関数 ………………… 66	

REFERENCE | 参考文献

[1] 岡谷 貴之（著）『深層学習 (機械学習プロフェッショナルシリーズ)』講談社 (2015 年)

[2] 斎藤 康毅（著）『ゼロから作る Deep Learning—Python で学ぶディープラーニングの理論と実装』オライリージャパン (2016 年)

[3] C.M. ビショップ（著）『パターン認識と機械学習 上/下』丸善出版 (2012 年)

[4] 巣籠 悠輔（著）『詳解 ディープラーニング〜TensorFlow・Keras による時系列データ処理〜』マイナビ出版 (2017 年)

[5] Trevor Hastie（著），Robert Tibshirani（著），Jerome Friedman（著）『統計的学習の基礎—データマイニング・推論・予測—』共立出版 (2014 年)

[6] 平井 有三（著）『はじめてのパターン認識』森北出版 (2012 年)

[7] 松尾 豊（著）『人工知能は人間を超えるか ディープラーニングの先にあるもの（角川 EPUB 選書)』KADOKAWA (2015 年)

[8] LINE Fukuoka 株式会社 立石 賢吾（著）『やさしく学ぶ 機械学習を理解するための数学のきほん〜アヤノ＆ミオと一緒に学ぶ 機械学習の理論と数学，実装まで〜』マイナビ出版 (2017 年)

[9] 涌井 良幸（著），涌井 貞美（著）『ディープラーニングがわかる数学入門』技術評論社 (2017 年)

[10] Hatena Blog データサイエンティスト（仮)「Python でデータ分析：線形回帰モデル」http://tekenuko.hatenablog.com/entry/2016/09/19/151547（最終アクセス 2018 年 1 月 22 日)

石川　聡彦（いしかわ　あきひこ）
株式会社アイデミー代表取締役 CEO。1992 年生まれ。東京大学工学部卒。研究・実務でデータ解析に従事した経験を活かし、2017 年より、人工知能エンジニアになるために必要な技術を学べるオンライン学習サービス「Aidemy」をリリース。
「Aidemy」は正式公開後 3 カ月で会員登録数 10,000 名、100 万回以上の演習回数を記録。さらに、早稲田大学のリーディング理工学博士プログラムでは、AI プログラミング実践授業の講師も担当。

人工知能プログラミングのための数学がわかる本

2018 年 2 月 24 日　初版発行
2019 年 1 月 15 日　5 版発行

著者／石川　聡彦

発行者／川金　正法

発行／株式会社 KADOKAWA

〒 102-8177　東京都千代田区富士見 2-13-3
電話 0570-002-301（ナビダイヤル）

印刷所／大日本印刷株式会社

本書の無断複製（コピー、スキャン、デジタル化等）並びに
無断複製物の譲渡及び配信は、著作権法上での例外を除き禁じられています。
また、本書を代行業者などの第三者に依頼して複製する行為は、
たとえ個人や家庭内での利用であっても一切認められておりません。

KADOKAWA カスタマーサポート
［電話］0570-002-301（土日祝日を除く 11 時～13 時、14 時～17 時）
［WEB］https://www.kadokawa.co.jp/（「お問い合わせ」へお進みください）
※製造不良品につきましては上記窓口にて承ります。
※記述・収録内容を超えるご質問にはお答えできない場合があります。
※サポートは日本国内に限らせていただきます。

定価はカバーに表示してあります。

© Akihiko Ishikawa 2018　Printed in Japan
ISBN 978-4-04-602196-0　C3055